U0203728

福田淳子健康配方

可以尽享四季
水果的甜挞与蛋糕

〔日〕福田淳子　著

郑钧（Jasmine）　译

河南科学技术出版社
· 郑州 ·

写在前面

外观可爱、口感酸甜的春天的草莓，鲜嫩无比、甘美爽口的夏天的桃子，稍带酸涩、圆润甜美的秋天的葡萄，还有色泽鲜亮、清爽可口的冬天的柑橘。一年里我们与各种水果相遇，它们像亮丽的宝石一般缤纷美丽，而每种水果的味道和魅力，更是一言难尽，曼妙无穷。

在每种水果最为光艳照人的高产的季节里，我把它们做成了甜挞和蛋糕，无论是味道还是色形，都力求最大限度地表现出它们独有的美艳魅力。我想说：这一刻，就让我尽情地装扮它们吧！

当你一边翻着这本书，一边想"这个蛋糕看上去很美味""那个甜挞也不错""等春天来了就做一款这个蛋糕"……当这些想法伴随着四季变幻的美景浮现在你的脑海时，我真心希望你也能把这些想法通过四季的水果变成制作美味的一次行动。

如果这本书能让你怦然心动或沉醉其中、兴奋不已，那么，我会感到无上的欢欣。

福田淳子

ntents

目 录

本书的使用方法

■关于材料、分量

· 所有甜挞、蛋糕的材料分量，都是指直径 18cm 的一个所需的分量。

· 1 大匙为 15mL，1 小匙为 5mL。

· 所用鸡蛋为中等大小，黄油为不含盐黄油。

· 砂糖主要使用的是绵白糖，也可以使用精制细砂糖。

· 鲜奶油使用的是脂肪成分 42% 的奶油。

· 烤箱的温度及时间仅供参考。烤箱热源、机型不同烘焙效果也不尽相同，操作时请参照调整。

■关于制作方法

· 甜挞台、海绵蛋糕的做法，在 P49-64 有详细介绍。请先参照确认之后，再尝试本书的各种做法。

· 关于甜挞、蛋糕上的装饰（涂抹奶油的方法、新鲜奶油的打发状态、蛋黄酱的做法等），在 P49-64 有具体说明。同时也介绍了制作要领、窍门等，如果没能制作成功的话，请一并参阅。

365天，随时都可享受的甜挞与蛋糕

类似香蕉和鲜橙这样一年四季都可以轻松入手的水果，它们就像时刻陪伴在我们身边的亲朋好友一样，有一种易于亲近和依赖的感觉。

我将这些水果摆放到甜挞和蛋糕上，尽情地把它们盛装打扮了一番！

那些我们屡见不鲜的面孔，在甜挞和蛋糕上面，展露出了光艳迷人的姿容。

Tart

能够随时买到而且味道不易变的香蕉，可以说是做糕点时水果中的最佳搭档。

切成稍大的块状，裹上焦糖汁，然后堆叠到杏仁甜挞上面。

香蕉的甜糯和温软的口感，会因焦糖略带微苦的香甜得以升华，带给你全新感受。

香蕉焦糖甜挞

Recipe → *P18*

Cake

提起香蕉，就会联想到巧克力！
这一款是大家都非常喜欢的经典组合口味的蛋糕。
虽然是固定不变的组合，但只要加上少量的朗姆酒，就会呈现一种令人心满意足的有层次
感的好味道。再撒上可以带来新鲜口感的焦糖果仁作点缀，即可演绎出奢华的氛围。

香蕉巧克力蛋糕

Recipe → *P18*

Tart

在堆叠了满满的酸甜口味的柠檬蛋黄酱的甜挞上，刚烤好的蛋白霜如云如絮，更像戴上了一顶蓬松的帽子。

蛋白霜柔软的口感、柔和的甜味，冲淡了柠檬的酸味，演绎出轻快洒脱的味道。

切分时更有白色、黄色、茶色的三层断面效果，让你眼前一亮。

柠檬蛋白霜甜挞

Recipe → *P19*

Cake

这是一款富含维生素、能带给你生机和活力的蛋糕。
来自甜橘与猕猴桃的酸爽和甘甜口味，会让人感到无比神清气爽。
好味道的关键在于，在奶油里加入君度橙酒，
让这款很常见的两种水果组合的蛋糕瞬间变得风味浓厚。

甜橘猕猴桃蛋糕

Recipe → *P20*

Tart

这是一款可谓经典的甜橙与巧克力的固定组合甜挞。
挞台使用了可可粉，烤出来略带苦味。奶油则是不打折扣的甘甜香醇的巧克力奶油。
与层层堆叠起来的甜橙一起品尝，清爽甘美，口齿流香。

甜橙巧克力甜挞

Recipe → *P20*

Cake

配合葡萄柚，使用了加有蜂蜜的鲜奶油，更有生姜带来一抹辛辣口感。这是一款可以向不爱吃甜食的人推荐的清爽口味的蛋糕！

葡萄柚中，黄色的酸味很强，红宝石色的就别有一番浓香口感。同是一种水果，颜色不同风味也各有千秋。要想让蛋糕的口味更有纵深感，推荐使用多种颜色的葡萄柚。

葡萄柚姜味蛋糕

Recipe → *P21*

色彩缤纷的甜挞

说起甜挞总会让人觉得很难制作，但只要配合最基本的甜挞台，在上面堆叠色彩缤纷的应季水果，就可以做出好吃又好看的甜挞。
唯一需要注意的是，一定要用厨房纸巾把水果上多余的水分吸干净。
挞台上水果的堆叠方法，请参照 P56；蛋糕上的奶油涂抹方法，请参照 P61。

Red
红色系甜挞

在苹果（8 等分切成梳形块，再切成 1cm 厚的小块，淋上柠檬汁以防变色）、樱桃、草莓（大的话切半）、覆盆子上面一边涂抹镜面淋酱，一边将它们像小山一样堆叠起来即可。

Yellow
黄色系甜挞

在香蕉（1cm 厚的圆形片，淋上柠檬汁以防变色）、凤梨、黄金猕猴桃（均为 1cm 厚的圆形片）、黄桃（6~8 等分切成梳形块）、黄瓤西瓜（挖成圆球状）上面一边涂抹镜面淋酱，一边将它们像小山一样堆叠起来即可。

Yellow green

黄绿色系甜挞

在甜瓜（16等分切成梳形块，再横向切半）、苹果（8等分切成梳形块，再切成1cm厚的小片，淋上柠檬汁以防变色）、猕猴桃（一口大小）、阳桃（1cm厚的切片）上面一边涂抹镜面淋酱，一边将它们像小山一样堆叠起来，最后再用细叶芹点缀一下即可。

Pink

粉色系甜挞

在桃子（6～8等分切成梳形块）、无花果（剥皮后4等分切成梳形块）、粉色葡萄柚（一瓣瓣剥开并除去内皮薄膜）上面一边涂抹镜面淋酱，一边将它们像小山一样堆叠起来，最后再用薄荷叶点缀一下即可。

香蕉焦糖甜挞 *(P10)*

材料

【甜挞】

烘焙好的杏仁甜挞台（P50-53）　　1个

【焦糖浇汁】＊会有剩余。

砂糖　　　　　　　　　　　　　100g
水　　　　　　　　　　　　　　2小匙
鲜奶油　　　　　　　　　　　　100mL

【奶油】

鲜奶油　　　　　　　　　　　　120mL
焦糖浇汁　　　　　　　　　　　40g

香蕉　　　　　　　　　　　　　3～4根

核桃仁（烘烤后）、糖粉、细叶芹　各适量

制作方法

1　做焦糖浇汁

① 锅内放入砂糖和水后用中火加热，一边摇晃一边让砂糖溶化。
② 变成深茶色并闻到有香味时熄火，将放至常温的鲜奶油加入锅里，用橡胶刮刀搅拌均匀，直到完全凉透。
　　＊加入鲜奶油时容易迸溅出来，请注意。

2　做奶油，准备香蕉

① 在盆里放入鲜奶油和步骤1做好的焦糖浇汁（取40g），将盆置于冰水上，用手持搅拌器搅拌至八成打发。
② 将全部奶油装入镶有星形裱花嘴的裱花袋里。
③ 香蕉剥皮按4～5等分斜切，与剩余的焦糖浇汁（100g）一起拌好。

3　组合成型（a→b）

　　在甜挞上将香蕉堆叠起来，周围用奶油裱花。用核桃仁装饰后，再将糖粉用滤茶网过筛后撒在上面，最后点缀上细叶芹。

香蕉巧克力蛋糕 *(P11)*

材料

【海绵蛋糕】

海绵蛋糕（P58-60）　　　　　　1个
　　　　　　　　　　　　　　　（2等分处横切）

【焦糖果仁】＊会有剩余。

砂糖　　　　　　　　　　　　　100g
水　　　　　　　　　　　　　　2小匙
果仁＊（烘烤后）

　　　　　　　　　　　　　　　100g
＊核桃仁、杏仁、开心果仁、榛子仁等均可。

【奶油】

鲜奶油　　　　　　　　　　　　400mL
纯可可脂微苦巧克力（切成碎末）100g
朗姆酒　　　　　　　　　　　　2小匙

香蕉　　　　　　　　　　　　　2～3根
糖粉　　　　　　　　　　　　　适量

制作方法

1　做焦糖果仁

① 在小锅里放入砂糖和水后用中火加热，一边摇晃一边让砂糖溶化。
② 变成深茶色时加入果仁后熄火，将果仁与焦糖拌匀。然后散放在烘焙油纸上晾凉，到能用手触摸的温度时，将其中大块的果仁碎成适当大小。

2　做奶油，准备香蕉

① 将鲜奶油放入锅里起火加热，开锅后加入巧克力调小火。一边用橡胶刮刀搅拌，一边持续小火加热状态，待巧克力完全溶化后熄火。去余热后放到冰箱中冷藏待用。
② 盆里放入①和朗姆酒，将盆置于冰水上，用手持搅拌器搅拌至七成打发。取出其中1/3的量放到其他盆里待用，剩余的继续搅拌至八成打发。
③ 将一半香蕉切成5mm厚的圆片，剩下的一半切成2～3cm长。

3　组合成型（a→d）

① 在第1层海绵蛋糕上涂抹八成打发的奶油，用切成5mm厚的香蕉圆片摆满，然后再涂抹一层相同奶油后将第2层海绵蛋糕叠放其上。
② 在蛋糕的上面和侧面先均匀涂抹八成打发的奶油之后，再用七成打发的奶油定型完成。将剩余的奶油（七成、八成一起。如果奶油过稀就混在一起再度打发）装入镶有星形裱花嘴的裱花袋里裱花，把切成2～3cm长的香蕉摆满蛋糕表层。把焦糖果仁扎在奶油层上点缀蛋糕，最后将糖粉用滤茶网过筛后撒在上面即可。

柠檬蛋白霜甜挞 *(P12)*

材料

【甜挞】

烘焙好的甜挞台（P50-52）	1 个

＊指未填充杏仁奶油等烘焙的素挞台。

【蛋黄酱】

蛋黄	4 个
砂糖	70g
低筋面粉	35g
牛奶	180mL
黄油	30g
柠檬汁	70mL

【蛋白霜】

蛋清	4 个
砂糖	50g
柠檬汁	1 小匙
柠檬皮碎末	1/2 个的量

糖粉、薄柠檬片、薄荷	各适量

制作方法

1　做蛋黄酱

参照 P63 蛋黄酱的制作方法，按照左侧的材料和分量制作（不加香草豆）。待奶油充分冷却后搅拌均匀，再一点点加入柠檬汁继续搅拌。

2　做蛋白霜

① 盆内放入蛋清并用手持搅拌器打发（至提起后可稍微立住），再分两次加入砂糖，继续打发至蛋清上端提起可成尖。最后加上柠檬汁和柠檬皮碎末，充分搅拌好之后装入镶有星形裱花嘴的裱花袋里。

② 烤盘上铺上烘焙纸，涂上薄薄一层植物油（定量外），将①一圈圈挤成直径 18cm 的圆形，同时一层层重叠堆成山形细细裱花，再将糖粉用滤茶网过筛后撒在上面（a）。

③ 在预热至 200℃ 的烤箱里烘焙 10min，再降温到 150℃ 烤 10min，然后取出晾凉。

＊高温容易烤焦，因此一定要一边注意火候一边烘烤。

3　组合成型（b→d）

在甜挞上堆满蛋黄酱，上面摆上烤好的蛋白霜。将糖粉用滤茶网过筛后撒在上面，再装饰上薄柠檬片和薄荷即可。

香蕉焦糖甜挞

香蕉巧克力蛋糕

柠檬蛋白霜甜挞

甜橘猕猴桃蛋糕 *(P13)*

材料

【海绵蛋糕】

海绵蛋糕（P58-60）　　　　　1 个

（3 等分横切）

【奶油】

鲜奶油　　　　　　　　　　　300mL

砂糖　　　　　　　　　　　　2 大匙

君度橙酒　　　　　　　　　　1 大匙

甜橘、猕猴桃　　　　　　　　各 4 个

镜面淋酱　　　　　　　　　　适量

制作方法

1　准备水果

① 剥去甜橘皮后一瓣瓣分开，每瓣的内皮薄膜也仔细剥去。猕猴桃去皮后切成 5mm 厚的半月形切片。

② 将①摆放到厨房纸巾上，放置 2h 左右，充分吸除多余水分。

2　做奶油

① 盆内放入鲜奶油、砂糖、君度橙酒，将盆置于冰水上，用手持搅拌器搅拌至八成打发。

② 取其中 3/4 的量装入镶有星形裱花嘴的裱花袋里。

3　组合成型（a→d）

① 第 1 层海绵蛋糕全部用奶油裱花，避开中心部分摆好甜橘和猕猴桃，然后再挤上少量奶油。第 2 层海绵蛋糕重叠其上同样涂抹后，再将第 3 层海绵蛋糕叠放其上。

② 将盆内剩余的奶油涂抹在上面，从中心部位开始依照先猕猴桃再甜橘依次交替的顺序呈花瓣状摆好，最后在水果上面涂抹镜面淋酱即可。

甜橙巧克力甜挞 *(P14)*

材料

【甜挞】

烘焙好的可可杏仁甜挞台　　　1 台

＊参照 P50-53，和甜挞台制作方法一样，中间加入的杏仁奶油材料按如下配方置换。

◆ 低筋面粉 20g →低筋面粉 10g+ 可可粉 10g

【奶油】

鲜奶油　　　　　　　　　　　150mL

纯可可脂微苦巧克力（切成碎末）　40g

君度橙酒　　　　　　　　　　1 大匙

甜橙　　　　　　　　　　　　3 个

镜面淋酱、开心果　　　　　　各适量

制作方法

1　准备甜橙

剥去甜橙皮，横切成 5mm 厚的圆片，摆放到厨房纸巾上，放置 2h 左右，充分吸除多余水分。

2　做奶油

① 将鲜奶油倒入锅内加热，沸腾后加入巧克力熄火。

② 充分搅拌后再度点火，小火加热到巧克力溶化为止。完全溶化后静置待凉，放到冰箱里冷藏待用。

③ 在盆里放入②及君度橙酒，将盆置于冰水上，用手持搅拌器搅拌至八成打发。

④ 全部装到镶有双排裱花嘴的裱花袋里。

3　组合成型（a→d）

在甜挞台上用奶油裱花，上面摆放 6 片甜橙切片，然后一边递减甜橙切片数量一边重叠摆放（4 片→2 片），堆成山形。在甜橙上涂抹镜面淋酱，最后撒上切碎的开心果即可。

葡萄柚姜味蛋糕 *(P15)*

材料

【海绵蛋糕】

姜味海绵蛋糕	1 个
	（3 等分横切）

＊参照 P58-60 海绵蛋糕的制作方法，加过牛奶后再加 1 小匙磨碎的生姜，之后按同样的步骤烘焙。

【奶油】

鲜奶油	300mL
蜂蜜	2 大匙
葡萄柚（黄色、红宝石色）	各 2 个
镜面淋酱、薄荷叶	各适量

制作方法

1　准备葡萄柚

① 剥去葡萄柚外皮，一瓣瓣分开，每瓣的内皮薄膜也仔细剥去。

② 将①摆放到厨房纸巾上，放置 2h 左右，充分吸除多余水分。

2　做奶油

① 在盆里放入鲜奶油和蜂蜜，将盆置于冰水上，用手持搅拌器搅拌至八成打发。

② 取其中 3/4 的量装入镶有星形裱花嘴的裱花袋里。

3　组合成型（a→d）

① 第 1 层海绵蛋糕全部用奶油裱花，避开中心部分摆好葡萄柚，然后再挤上少量奶油。第 2 层海绵蛋糕叠放在第 1 层上同样涂抹后，再将第 3 层海绵蛋糕叠放其上。

② 将盆内剩余的奶油涂抹在上面，从外向内依照先红宝石色后黄色的顺序呈花瓣状摆好葡萄柚。在葡萄柚上面涂抹镜面淋酱，最后装点上薄荷叶即可。

甜橘猕猴桃蛋糕

甜橙巧克力甜挞

葡萄柚姜味蛋糕

春天的甜挞与蛋糕

草莓、覆盆子、蓝莓……

提起春天，就会想起这是在超市里可以见到各种莓果的季节。

其中的草莓，无论是其可爱的外表，还是可口的味道，都令我们爱不释手。即便是原味的甜挞和海绵蛋糕，只要有了鲜奶油和草莓的组合，就会瞬间变得可爱又可口，这实在有点儿不可思议呢。

来吧，就让我们用大把大把的草莓，烘焙出可以感受到春天到来的甜挞和蛋糕吧。

Tart

这是一款加入了马斯卡彭芝士的新鲜的提拉米苏甜挞。
浓厚漫溢的奶油，看上去给人一种非常甘甜的感觉，与大量堆砌装饰的草莓相配，新鲜
草莓汁的酸甜口感，让整个甜挞浆汁浓郁，香甜滋润！
白色奶油与鲜红草莓的浪漫组合赏心悦目。

草莓提拉米苏甜挞

Recipe → *P34*

Cake

这是一款一年里都会摆在店里最好位置的经典草莓蛋糕，但如果是在家里自己做，希望能选择盛产草莓的春天，大量地使用应季草莓来亲手制作。

奶油与水果夹层的蛋糕，如果讲究味道的层次感，和双层的相比，绝对更推荐三层的本款。

海绵蛋糕、水果、奶油、三种材料相辅相成，入口滋味美轮美奂。

草莓蛋糕

Recipe → *P34*

Tart

这是一款在香草风味浓郁的蛋黄酱里点缀大量蓝莓而制成的简约甜挞。
用作搭配装饰的小饼干，是使用做甜挞时的边角余料做成的。
一点富有童趣的设计，会让可爱的蛋糕装饰锦上添花。

蓝莓蛋黄酱甜挞

Recipe → *P35*

Cake

海绵蛋糕也好，奶油也好，试着用枫糖浆来代替砂糖制作，就有了这款
圆融浓郁风味的好吃的蛋糕。
在甘美风味中带给我们清新口感的水果，当然就是蓝莓。
最后运用蓝莓和春色烂漫的糖渍堇菜花一起将蛋糕装点完成。

蓝莓枫糖浆蛋糕

Recipe → *P36*

Tart

这是一款由酸甜的覆盆子果酱配合含白巧克力的浓郁奶油制成的清爽可口的覆盆子甜挞。
覆盆子果酱最好能亲手制作。
这里介绍的正是有深层次口感的、与奶油口味相配的砂糖含量少且突出酸味口感的做法。

覆盆子白巧克力甜挞

Recipe → *P36*

Cake

烤甜挞时自制的果酱，配上蛋糕也是一样好吃！
这一次是把果酱涂抹在海绵蛋糕的表面，红红的一层，亮晶晶的。
本款蛋糕的奶油，还添加了炼乳，使蛋糕奶香更浓郁。

覆盆子奶香蛋糕

Recipe → *P37*

Tart

人见人爱的莓果甜挞，其实做起来非常简单。

烘焙好的甜挞台上，一边涂抹镜面淋酱，一边把莓果类水果堆砌完成即可。

如果摆放在店里最好的位置，这样奢侈地使用水果的甜挞难免会有些贵，可是自己在家里做，就不必担心了。

既然是特意亲自制作，就请多多使用自己喜爱的莓果类水果吧。

莓果甜挞

Recipe → *P37*

Cake

此款可爱无比、娇美无双的粉色蛋糕，因为在奶油里加了很多酸奶成分，所以入口会出乎意料地轻滑爽口。味道更是连不爱吃甜食的男性都会喜欢。

蛋糕装饰的重点是星形裱花嘴。使用切口较多的星形裱花嘴会让造型非常可爱。

草莓酸奶粉色蛋糕

Recipe → *P38*

Tart

这款抹茶甜挞台里加入了豆沙馅、盐渍樱花瓣，整个甜挞是纯和风的口味。
正中间的软滑果冻，蕴含着樱花的盐味，是这款甜挞的亮点所在。
成型后的甜挞看上去仿佛樱花盛开一样美丽，而这宛如初遇般的美味，在节庆聚会时亮出来，
一定会令满座称赞。

樱花抹茶甜挞

Recipe → *P38*

Cake

这款蛋糕在入口的瞬间就会让人感受到红茶绵软扩散的芬芳，仔细品味更有玫瑰细腻的风味。

在掺入了香味绝佳的格雷伯爵茶叶后烘焙而成的柔软海绵蛋糕上，涂抹玫瑰酱，更平添了玫瑰的清香。

蛋糕的装饰非常简约，而这份低调的装饰反而衬托出一种奢华的氛围，演绎出一款极富浪漫情调的美味。

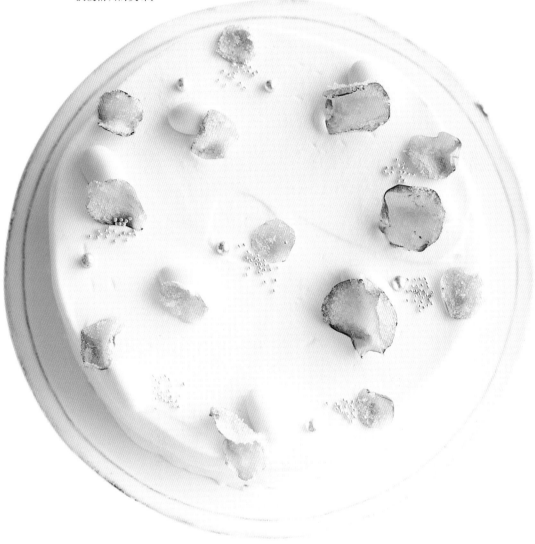

玫瑰红茶蛋糕

Recipe → *P39*

草莓提拉米苏甜挞 *(P24)*

材料

【甜挞】

烘焙好的杏仁甜挞台（P50-53）	1个

【草莓浇汁】

草莓	150g
砂糖	2大匙
樱桃白兰地	1大匙
柠檬汁	1大匙

【奶油】

酸奶	100g
马斯卡彭芝士	100g
砂糖	3大匙
鲜奶油	200mL
手指饼干（市售）	8～10根
草莓	150g
银珠糖、草莓粉	各适量

制作方法

预先准备

将酸奶放到铺有厚厚厨房纸巾的笊篱上搁置一夜，控水至酸奶剩50g为止。

1 做草莓浇汁

① 将做草莓浇汁的材料全部装入搅拌机内搅拌。

② 取①的一半量左右，将手指饼干浸泡其中入味。

2 制作两种奶油

【芝士奶油】

① 在盆内放入控水后的酸奶、马斯卡彭芝士、砂糖（2大匙），用打蛋器搅拌至绵软顺滑。

② 在另一个盆内放入鲜奶油（150mL），将盆置于冰水上，用手持搅拌器搅拌至九成打发，然后再加到①里继续搅拌。

【裱花用奶油】

在盆内放入鲜奶油（50mL）和砂糖（1大匙），将盆置于冰水上，用手持搅拌器搅拌至八成打发。然后装到镶有双排裱花嘴的裱花袋里。

3 组合成型（a→e）

① 在甜挞台上涂抹2大匙左右的草莓浇汁，稍微搁置入味。然后在上面涂抹芝士奶油，将浸渍在草莓浇汁里的手指饼干摆放其上，再将剩余的芝士奶油涂在上面。

② 奶油裱花，装点上草莓（如个头过大，可切分为1/4~1/2）。撒上银珠糖，将草莓粉用滤茶网过筛后撒在上面即可。

＊如果草莓浇汁有剩余，推荐在食用时浇在切分好的甜挞上。

草莓蛋糕 *(P25)*

材料

【海绵蛋糕】

海绵蛋糕（P58-60）	1个
	（3等分横切）

【奶油】

鲜奶油	400mL
砂糖	2大匙
草莓	1盒（约300g）
镜面淋酱、糖粉、薄荷叶	各适量

制作方法

1 准备草莓

留出在表层装饰用的草莓（10～12个），其余的全部纵向切片。

2 做奶油

在盆内放入鲜奶油和砂糖，将盆置于冰水上，用手持搅拌器搅拌至七成打发。取出其中1/3的量放到别的盆里，剩下的继续搅拌至八成打发。

3 组合成型（a→e）

① 第1层海绵蛋糕上全部薄薄涂上一层八成打发的奶油，避开中心部分摆好切片草莓，然后再用同样的奶油薄薄涂上一层。第2层海绵蛋糕重叠其上并同样涂抹后，再将第3层海绵蛋糕叠放其上。

② 在蛋糕的上面和侧面先用八成打发的奶油均匀涂抹后，再用七成打发的奶油最后涂抹成型。剩余的奶油（七成、八成一起，如果奶油过稀就混在一起再度打发）装入镶有圣奥诺雷花样裱花嘴的裱花袋里来裱花。将事先留出的草莓（若个头过大可对半切分）装点其上，在草莓上涂抹镜面淋酱。最后将糖粉用滤茶网过筛后撒在上面，再点缀薄荷叶即可。

蓝莓蛋黄酱甜挞 *(P26)*

材料

【甜挞】

烘焙好的甜挞台（P50~52）　　　　1 个

＊指未填充杏仁奶油等的素挞台。

【蛋黄酱】

蛋黄	2 个
砂糖	50g
低筋面粉	20g
香草豆	1/2 支
牛奶	180mL
黄油	15g
朗姆酒	1 大匙

【裱花用奶油】

鲜奶油　　　　　　　　　　70mL

砂糖　　　　　　　　　　　2 小匙

蓝莓　　　　　　　　　　　130g

香芹　　　　　　　　　　　适量

制作方法

预先准备

　　使用烘焙素挞台时剩余的面坯制成装饰用的饼干备用（参照 P51 步骤 14 的做法。根据个人喜好，也可以烤好去余热后撒上糖粉）。

1　制作两种奶油

【蛋黄酱】

　　参照 P63 蛋黄酱的制作方法，按照左侧材料和分量制作（朗姆酒在黄油之后加入并搅拌），然后放凉待用。

【裱花用奶油】

① 在盆内放入鲜奶油与砂糖，将盆置于冰水上，用手持搅拌器搅拌至八成打发。

② 然后装到镶有圆形裱花嘴的裱花袋里。

2　组合成型（a→d）

　　素挞台上挤满搅拌顺滑的蛋黄酱后，在上面铺满蓝莓。边缘处用鲜奶油等距裱花，再将饼干插入奶油里进行装饰，最后点缀香芹即可。

草莓提拉米苏甜挞

草莓蛋糕

蓝莓蛋黄酱甜挞

蓝莓枫糖浆蛋糕 *(P27)*

材料

【海绵蛋糕】

枫糖浆口味海绵蛋糕　　　　　1个

　　　　　　　　　　　　　（2等分横切）

＊参照 P58-60 海绵蛋糕的制作方法，将砂糖换成枫糖浆砂糖、蜂蜜换成枫糖浆液，其他材料不变，按同样的步骤烘焙。

【奶油】

鲜奶油　　　　　　　　　　　300mL

枫糖浆　　　　　　　　　　　40g

蓝莓　　　　　　　　　　　　150g

糖渍堇菜花、薄荷　　　　　　各适量

糖渍堇菜花使用的是 DEMEL 的产品。

制作方法

1　做奶油

在盆内放入鲜奶油与枫糖浆，将盆置于冰水上，用手持搅拌器搅拌至七成打发。取出 1/3 的量放到别的盆里，剩余的继续搅拌至八成打发。

2　组合成型（a→c）

① 第 1 层海绵蛋糕上全部涂上一层八成打发的奶油，摆好蓝莓（留下 7 个做装饰用），再用同样的奶油涂抹后将第 2 层海绵蛋糕重叠其上。

② 在蛋糕的上面和侧面先用八成打发的奶油均匀涂抹后，再用七成打发的奶油最后涂抹成型。剩余的奶油（七成、八成一起，如果奶油过稀就混在一起再度打发）装入镶有圆形裱花嘴的裱花袋里裱花，装点上蓝莓、糖渍堇菜花、薄荷即可。

覆盆子白巧克力甜挞 *(P28)*

材料

【甜挞】

烘焙好的杏仁甜挞台（P50-53）　　1个

【覆盆子果酱】 ＊会有剩余。

覆盆子　　　　　　　　　　　200g

砂糖　　　　　　　　　　　　80g

【奶油】

鲜奶油　　　　　　　　　　　150mL

白巧克力（切成碎末）　　　　40g

涂层用巧克力（白巧克力）　　30g

覆盆子　　　　　　　　　　　17粒

开心果　　　　　　　　　　　适量

制作方法

1　做覆盆子果酱

① 在锅中放入覆盆子和砂糖，混合静置约 1h。

② 用中火加热，边搅拌边煮熬至黏稠（5 ~ 10min），放凉待用。

2　做奶油

① 将鲜奶油放入锅里起火加热，开锅后加入白巧克力后转小火。一边用橡胶刮刀搅拌，一边持续小火加热状态，待巧克力完全溶化后熄火。转装到盆里，晾凉后放到冰箱中冷藏待用。

② 将装有①的盆置于冰水上，用手持搅拌器搅拌至八成打发。

③ 将全部奶油装入镶有玫瑰花样裱花嘴的裱花袋里。

3　做巧克力饰件

① 将涂层用巧克力置于容器内用开水溶化，用勺子在烘焙纸上摊成 1 ~ 2mm 厚的椭圆片（见左下图片）。

＊涂层用巧克力不需要开火调温，只要溶化了就行。

② 等巧克力凝固成型后用镊子轻轻从烘焙纸上剥离下来待用。

＊由于手的温度容易使巧克力溶化，使用镊子（没有的话筷子等亦可）会比较适宜。

4　组合成型（a→d）

① 在甜挞台上涂抹 2 ~ 3 大匙果酱，留出边缘部分，其余用奶油裱花。

＊奶油裱花时要设法挤出高度，那样层层重叠会比较好看。

② 均匀放置覆盆子，将涂层用巧克力做成的饰件插入奶油里装饰，最后撒上切成碎末的开心果即可。

覆盆子奶香蛋糕 *(P29)*

材料

【海绵蛋糕】

海绵蛋糕（P58-60）　　1个

　　　　　　　　　　（3等分横切）

【覆盆子果酱】

覆盆子　　　　　　　200g

砂糖　　　　　　　　80g

【奶油】

鲜奶油　　　　　　　200mL

炼乳　　　　　　　　50g

覆盆子　　　　　　　16粒

薄荷　　　　　　　　适量

制作方法

1　做覆盆子果酱

①　在锅中放入覆盆子和砂糖，混合静置约1h。

②　用中火加热，边搅拌边煮熬至黏稠（5～10min），放凉待用。

2　做奶油

　　将鲜奶油和炼乳放入盆内，将盆置于冰水上，用手持搅拌器搅拌至八成打发。

3　组合成型（a→d）

①　第1层海绵蛋糕上全部涂上一层奶油，再涂抹2～3大匙覆盆子果酱，然后再涂抹奶油。将第2层海绵蛋糕重叠其上，同样涂抹之后，再将第3层海绵蛋糕重叠其上。

②　在蛋糕的上面薄薄地涂抹奶油后再涂抹一层果酱。

③　将剩余的奶油装入镶有星形裱花嘴的裱花袋里，然后在边缘处裱花两圈后，装点上覆盆子和薄荷即可。

莓果甜挞 *(P30)*

材料

【甜挞】

烘焙好的芝士甜挞台（P50-53）　1个

莓果类　　　　　　　400g

＊草莓、覆盆子、蓝莓、黑莓等均可。

镜面淋酱　　　　　　适量

制作方法

　　组合成型（a→d）

　　在甜挞台上摆放莓果（草莓要对半切开），涂抹镜面淋酱（将镜面淋酱作为黏合剂，有时要滴淌着使用）。这个步骤重复3次左右，将莓果堆砌成小山样（参照P56）。最后在表层的莓果上面涂上满满的镜面淋酱即可。

覆盆子白巧克力甜挞

覆盆子奶香蛋糕

莓果甜挞

草莓酸奶粉色蛋糕 *(P31)*

材料

【海绵蛋糕】

海绵蛋糕（P58~60）	1个	
	（3等分横切）	

【奶油】

酸奶	500g
砂糖	2½ 大匙
草莓粉	2½ 大匙
鲜奶油	300mL
草莓	1盒（约300g）
银珠糖、棉花糖	各适量

制作方法

预先准备

　将酸奶放到铺有厚厚厨房纸巾的笊篱上搁置一夜，控水至酸奶剩250g为止。

1　准备夹馅部分

　留出用于表层装饰的草莓（8~10粒），其余都纵向4等分切好。

2　制作两种奶油

【草莓奶油】

　在盆内放入砂糖、草莓粉，用打蛋器搅拌。再加入鲜奶油，将盆置于冰水上，用手持搅拌器搅拌至七成打发。用另一个盆取出其中1/3的量，剩余的奶油继续搅拌至九成打发。

【草莓酸奶奶油】

　在九成打发好的奶油里，放入控干多余水分的酸奶后，用打蛋器继续搅拌。

3　组合成型（a→c）

① 在第1层海绵蛋糕上全部薄薄涂抹一层草莓酸奶奶油，避开中心部分将切片的草莓摆放好，再薄薄涂抹同样的奶油。将第2层海绵蛋糕重叠其上，同样涂抹后，再将第3层海绵蛋糕重叠其上（参照P35草莓蛋糕的图片a、b）。

② 在蛋糕上面和侧面用草莓奶油均匀涂抹之后，将剩余的草莓酸奶奶油装入镶有星形裱花嘴的裱花袋里，留出边缘部分，点状裱花，点满后在边缘处装饰草莓（对半切开）、棉花糖、银珠糖即可。

樱花抹茶甜挞 *(P32)*

材料

【甜挞】

烘焙好的抹茶口味杏仁甜挞台　1个

＊与P50~53的甜挞台一样的方法烘焙。中间的杏仁奶油按如下配方置换。

◆低筋面粉20g→低筋面粉10g+抹茶10g

【樱花果冻】 ＊会有剩余。

粉末明胶	10g
水	400mL + 4 大匙
砂糖	80g
盐渍樱花	60g
樱花利口酒	4 大匙

【奶油】

鲜奶油	150mL
砂糖	1/2 大匙

A	红豆馅	80g
	鲜奶油	1 大匙

盐渍樱花、抹茶	各适量

制作方法

预先准备

　将盐渍樱花（60g）水洗去除盐粒。继续浸泡在水里30min左右以去除盐分，然后控水，掐碎花萼部分。A材料搅拌均匀待用。

1　做樱花果冻

① 将粉末明胶加水（4大匙）泡发。

② 在小锅内加水（400mL）和砂糖后起火加热，煮沸前熄火，加入①使之溶化。再将去除盐分之后的盐渍樱花（60g）和樱花利口酒加入，混合搅拌。

③ 将②倒入搪瓷浅盆等容器里（右图），底部放置在冰水上冷却，开始有黏稠感后转放到冰箱里使之冷却凝固。

2　做奶油

　在盆内放入鲜奶油（150mL）和砂糖，将盆置于冰水上，用手持搅拌器搅拌至八成打发。

3　组合成型（a→d）

① 在甜挞台上将A摊开，上面涂抹奶油（2/3的量）。

② 将凝固的果冻用汤匙一边挖碎一边堆砌到奶油上面。

③ 将剩余的奶油装入镶有玫瑰花样裱花嘴的裱花袋里，在甜挞边缘部分裱花，将盐渍樱花装点其上，将抹茶用滤茶网过筛后撒在上面即可。

草莓酸奶粉色蛋糕

樱花抹茶甜挞

玫瑰红茶蛋糕

玫瑰红茶蛋糕 *(P33)*

材料

【海绵蛋糕】

格雷伯爵茶口味海绵蛋糕　　　　　1 个

（3 等分横切）

＊参照 P58-60 海绵蛋糕的制作方法，在预先准备阶段的低筋面粉里加入 5g 切成碎末的格雷伯爵茶叶（一起过筛），之后按同样的步骤烘焙。

【糖渍玫瑰花瓣 / 装饰用】

玫瑰花瓣、精制白砂糖、蛋清　　　各适量

【奶油】

鲜奶油　　　　　　　　　　　　300mL

砂糖　　　　　　　　　　　　　2 小匙

玫瑰果酱　　　　　　　　　　　4 ~ 6 大匙

＊请根据所使用的玫瑰果酱的甜度进行调节。

糖衣杏仁糖（白色）、银珠糖　　　各适量

制作方法

1　做糖渍玫瑰花瓣

将玫瑰花瓣一片片蘸上蛋清后撒上精制白砂糖，在常温下干燥。

＊这些花瓣不能食用，只是作为装饰使用，请注意。

2　做奶油

在盆内放入鲜奶油和砂糖，将盆置于冰水上，用手持搅拌器搅拌至七成打发。用另一个盆取出其中 1/3 的量，剩余的奶油继续搅拌至八成打发。

3　组合成型（a→d）

① 第 1 层海绵蛋糕上全部涂抹八成打发的奶油，再将 2 ~ 3 大匙玫瑰果酱涂抹其上，之后再继续涂抹同样的奶油。将第 2 层海绵蛋糕重叠其上同样涂抹之后，再将第 3 层海绵蛋糕重叠其上。

② 在蛋糕上面和侧面先用八成打发的奶油均匀涂抹之后，用七成打发的奶油最后涂抹成型。装点上糖衣杏仁糖和糖渍玫瑰花瓣，最后撒上银珠糖即可。

水果手贴

春天的水果

春天，怎么说都是草莓季。虽然冬季有时也会上架，但说起品种丰富程度、价格的亲民性，当然还是春季为佳。和全部都是暖棚栽培、颗颗有形粒粒好味的冬季草莓相比，春天的草莓更显得随意自在，形状和味道各具特色。连露天栽培的酸味偏强的小粒草莓，也都是非此季而不得尝的呢。

将新鲜的草莓直接洗净，可以滴上一点炼乳，可以做成草莓奶昔，也可以配合酸奶一起食用。做蛋糕、甜挞、奶油冻、果冻……用应季草莓做什么甜点都会好看又可爱，即便直接加工成果酱或果子露也一样鲜美无比。小小的、红红的、亮晶晶的草莓，就像宝石一样可爱迷人，堪称水果世界里的公主！除了草莓之外的国产莓果，即便是在春季至初夏的盛产期，水果种类也不是很多。不过，我觉得，这个季节有了草莓，其他种类的水果即便不多也仿佛无所谓了。

草莓

适合直接食用的好吃的草莓和适合做甜点的草莓稍有不同。做甜点时通常要加砂糖，所以推荐选择稍微偏酸的草莓。

【果期】12 月至次年 4 月（暖棚栽培品种在 12 月至次年 2 月是盛产期，之后露天栽培的品种开始上市）

【挑选方法】＊适合所有草莓。

选择表皮紧绷有光泽感、颜色正红的草莓，花蒂处要没有变色。遇水容易变质，所以选择时尽量避免有碰伤的草莓。

【保存方法】＊适合所有草莓。

装入保存容器或保存袋后冰箱保存。草莓非耐存食品，所以要尽早处置。

【小贴士】

草莓怕水，所以除了冲掉黏附的泥土之外尽可能不要冲洗（冲洗的话草莓的味道也会被冲洗掉的）。可用柔软的毛刷拂拭灰尘及绒毛。

甘王（AMAOU）

【特征 / 味道】

因其甘甜、圆润、颗粒大而被命名为"甘王"，名副其实的浑圆硕大，甘甜味浓。切开后断面呈鲜艳的正红色。这也是该品种的特征之一。

枥少女（TOCHIOTOME）

【特征 / 味道】

这是原产于日本枥木县、作为"女峰"的后继品种而诞生的草莓品种。生产量居日本之首，容易购买且味道稳定，口味偏甜。

其他莓果类

进口的莓果全年都买得到，但是本土的莓果上市期却非常短暂。
请不要错过那个时期，一定要亲尝新鲜的莓果。
莓果类都不耐久存，所以最好及时处置。
同时它们也和草莓一样，是不喜水的，所以请多注意。

黑莓

【果期】4 ~ 8 月

【特征 / 味道】

浓浓的黑紫色，像葡萄一样小
而密地成串结果，和木莓是同类。
带有浓厚野生感觉的酸甜口味。

【挑选方法】

选择表皮紧绷有光泽感、有弹
力的黑莓。黑色是完全成熟的标志。

蓝莓

【果期】4 ~ 8 月

【特征 / 味道】

小颗粒酸甜可口，咬在嘴里果汁迸射的感
觉令人陶醉。北至北海道、南至岛根县，全日
本大面积栽培，而且很多地方都是无农药栽培。

【挑选方法】

选择表皮紧绷有光泽感，浑圆饱满，轻弹
即破，鲜嫩多汁，呈蓝紫色的蓝莓。

【保存方法】＊适合其他莓果类。

装入保存容器或保存袋后冰箱保存。蓝莓
非耐存食品，所以要尽早处置。

覆盆子

【果期】4 ~ 8 月

【特征 / 味道】

与黑莓一样，和木莓是同类。
比起黑莓酸味更重。覆盆子也属于
不太常见的贵重莓果。可以通过网
购买到新鲜覆盆子。

【挑选方法】

选择红色浓艳的覆盆子。

红颊草莓

【特征 / 味道】

这是静冈县原产的品种。不
仅香味浓郁，味道甘美，而且还
有一定的酸味。色泽红润，像红
脸蛋一样可爱，这也是该品种名
字的由来。

其他的草莓

草莓的品种改良日新月异，最近更有特大草莓问世，生活里的草莓品
种更是多得数不清。品种不同，味道也不尽相同，但草莓的新鲜度才是
最重要的。如发现其他"幸之香（SACHINOKA）""章姬（AKIHIME）"
等本书未介绍的草莓品种或者其他看上去很好吃的草莓，也请你尝试使
用一下。由于仅从草莓的外观判断甜味强弱不是一件容易的事情，并且
草莓容易碰伤，所以选择新鲜的草莓才是最重要的。

夏天的甜挞与蛋糕

夏季是一年之中水果最多的季节。

西瓜、甜瓜、蜜桃、樱桃，最近更有芒果、木瓜等，外国原产的热带水果也都可以轻松买到了。

简直就是一个尽情享受水果的季节！

既如此，夏季的甜挞和蛋糕，自然要装点上满满的水果，配上爽口的奶油，让人感受丝丝"清凉"的气息。

虽然反季节的水果也可以使用，但是毫不吝惜地使用夏季水果制成的甜挞和蛋糕，更有一番别致风情。

Tart

使用菲律宾的加拉巴奥芒果和墨西哥的爱文芒果制成的甜挞，淡黄色与深黄色的浓淡过渡，可谓美轮美奂。少量涂抹的蛋黄酱，与大量堆砌的芒果的甜酸口味相得益彰，交汇出清新爽口的绝佳口感。

芒果甜挞

Recipe → *P70*

Cake

在加入了柠檬汁烘焙而成的爽口海绵蛋糕上面，再涂抹柠檬芝士奶油，如此这般保持了
很好的酸味感觉的蛋糕基座上面，将大量浓郁芳醇的爱文芒果堆砌其上。
芒果那掩盖不住的甘甜味道和浓郁果香才是本款蛋糕的主旋律。

芒果蛋糕

Recipe → *P70*

Tart

白葡萄酒的醇香使果子冻流露一抹成熟的"大人"品味，从而轻松引领出白桃细腻
的风味，更有薄荷平添一抹清凉香气。
使用控水后的酸奶代替奶油，更让这款甜挞无比清爽怡人。
其口感之轻盈，即便是炎炎夏日，也可以尽享囫囵入喉的快感。

白桃薄荷甜挞

Recipe → *P71*

Cake

白桃如果和味道强烈的东西混在一起，自身的香气和味道就会荡然无存。
做蛋糕时，为了能够尽情享受白桃独有的精致高雅的香气和味道，选用了"蛋黄酱+奶油"
这一平实温和的奶油组合。
本款蛋糕放置时间过长会变色，在冰箱里冷却 2 ~ 3h 后的蛋糕味道最佳。

白桃蛋黄酱蛋糕

Recipe → *P72*

Tart

使用杏仁霜代替杏仁粉烘焙而成的甜挞台上，堆砌了满满的枇杷果和杏仁豆腐。
枇杷与杏仁香味很相似，所以配在一起非常搭。枇杷温柔平和的香气，加上杏
仁豆腐的顺滑口感，成就了抵挡炎炎酷暑的一道美味。

枇杷杏仁甜挞

Recipe → *P72*

→夏天的甜挞与蛋糕，下接 P65

甜挞台、海绵蛋糕的
制作方法

在此，对本书中登场的甜挞台、海绵蛋糕的制作方法进行详细介绍。

一旦掌握了面坯的做法，本书中介绍的甜挞、蛋糕一定都会做得好看又好吃！

只要对照图片和步骤进行具体操作，就不会有失败，所以不必慌乱，仔细按步骤做起来吧。

装饰的技巧、蛋黄酱等的制作方法也一并进行介绍。

甜挞台的制作方法

甜挞台又称为甜酥挞皮，是一种很甜、很脆、很酥的面坯。

在这里，介绍两种做法基本相同但口感不同的配方。

配方 1 只用蛋黄部分制作，烘焙出来更有酥松口感。

配方 2 比起只用蛋黄做成的挞台更有厚重口感，是正好可以使用整个鸡蛋的便利配方，也一并可以烤出 2
个挞台（剩余的面坯可以冷冻保存）。

两种配方的制作效果都毋庸置疑，请根据个人喜好选择。

材料　配方 1（直径 18cm 的甜挞台　1 个）	
黄油	75g
糖粉	50g
＊没有的话用砂糖也可。使用糖粉更能增添酥松口感。	
蛋黄	1 个
A　低筋面粉	120g
杏仁粉	10g
＊没有的话此处增加 10g 低筋面粉。	
盐	一小撮

材料　配方 2（直径 18cm 的甜挞台　2 个）	
黄油	150g
砂糖	100g
鸡蛋	1 个
A　低筋面粉	240g
杏仁粉	20g
＊没有的话此处增加 20g 低筋面粉。	
盐	两小撮

预先准备

将黄油回温至室温，软到可以用手指轻松按下的程度，放置待用。将材料 A 混合后过筛待用。配方 2 中将鸡蛋搅拌好待用（配方 1 中的蛋黄部分不用搅拌）。

＊在这里用配方 1 的材料制作。

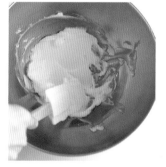

1 在盆内放入黄油，用橡胶刮刀翻拌至柔软顺滑呈奶油状。

＊ 如果黄油以过硬状态进入下一步的话，各种材料就不能很好地混合在一起，所以一定要搅拌到位。

2 加入糖粉，用打蛋器搅拌至发白为止。

3 如图片所示，搅拌至黄油内胀起空气，有些鼓胀感即可。

＊ 让黄油中富含空气，才会烤出松脆的挞台。

4 加入蛋黄继续充分搅拌（或者少量多次加入蛋液充分搅拌）。

＊ 加入整个鸡蛋时由于容易分离，所以一定要少量多次加入，每加一次都要充分搅拌。

5 A 材料要分两次加入，每加一次都用橡胶刮刀充分搅拌。这里首先加入 A 一半的量。

50

6 一圈圈搅拌的话容易产生黏腻感觉，也不会有酥脆的烘焙效果，所以请一定要如图那样用橡胶刮刀一下一下切拌混合。

7 将剩下的A材料也加入其中，同样用橡胶刮刀切拌混合。

8 搅拌过度会产生黏腻感，所以不必将材料都拌成一整块，如图片那样只要看不出面粉时就停止搅拌。

* 冷冻保存面坯时，将面坯用保鲜膜包裹后装入冷冻用保存袋，放到冰箱冷冻室保存。使用时从冷冻室拿出解冻后，再接着下一个步骤进行操作即可（保存期大约为1个月）。

9 将盆内的面坯用手团成一块，压成圆形面皮（配方2分成两块后分别压平）。

* 醒面的过程可以让面坯更稳定，更容易拉伸，烘焙出来味道更好，所以这个过程绝对不能省略。如果时间允许的话，醒面半天左右是最理想的。

配方1

配方2

10 用保鲜膜包好，在冰箱冷藏室醒面1h以上（配方2分成两块包好，醒面）。

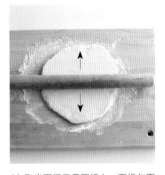
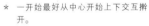

11 取出面坯置于面板上，面板与面坯之间撒上面（配方分量外的高筋面粉），用擀面杖将面坯擀开。

* 一开始最好从中心开始上下交互擀开。

12 一边转面坯一边擀，将面胚擀成厚5mm的薄片，大小比甜挞模大一圈。

13 将擀好的面片紧贴在甜挞模上，并将面片压紧铺在甜挞模上。

14 在甜挞模上滚动擀面杖，把多余的面片切掉。

* 可以把切掉的面片集中起来再擀成5mm厚，用模具烘焙成饼干（170℃、15～20min）。

15 甜挞面坯烘焙后会多少缩小一些，所以在压到模具里的时候要让面坯稍微高出模具边缘，用手指沿着模具边缘压一圈，使面坯紧贴在模具上。

制作柠檬蛋白霜甜挞（P12）、蓝莓蛋黄酱甜挞（P26）等时，使用的就是这样烘焙好的素挞台。

16 在甜挞面坯上铺上一层铝箔纸，然后再放上重石，烤箱预热至170℃烤15min左右，取出重石后继续烤10～20min。全部呈现出火候正好的焦黄色时就是烤好了。不脱模直接放在散热架上使之充分冷却。

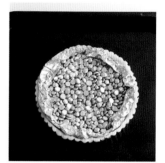

搭配挞台的奶油的做法

在本书中，主要使用的是将杏仁奶油填入甜挞台一起烘焙的甜挞面坯。

杏仁那浓郁厚重的口感，从根本上成就了甜挞的美味。

也许大家要疑惑"怎么烘焙奶油"，其实杏仁奶油作为烘焙使用早已不足为奇。

因为奶油频繁登场，所以就让我们牢牢记住奶油的做法吧！

此外，同样填入挞台烘焙的芝士奶油做法也一并加以介绍。

杏仁奶油

预先准备 将黄油回温至室温，直到整体变得柔软，以手指可轻松按下为准。将 B 混合过筛后待用。鸡蛋打散搅拌后待用。

1 盆内放入黄油，用打蛋器搅拌直至呈奶油状。加入砂糖一直搅拌到整体发白为止。

2 少量多次一点点加入蛋液，再加入朗姆酒后用打蛋器充分搅拌。

* 加入蛋液时由于容易分离，所以请务必少量多次加入，每次加入后都要充分搅拌。

3 加入 B 后继续用打蛋器充分搅拌，直到没有块状或粉状物为止。

搭配奶油的甜挞台的制作

〈杏仁甜挞台〉

本书多数甜挞都是使用下面介绍的填入了杏仁奶油（或芝士奶油，具体参照各款做法）后一起烘焙而成的甜挞台做成的。不妨学习一下填入奶油的挞台的烘焙方法（制作奶油时，可以将甜挞面坯放在冰箱里冷藏保管）。

16 将奶油填入甜挞面坯里，用橡胶刮刀等将其铺满模具。杏仁甜挞台在预热至170℃的烤箱中烘焙40min左右，芝士甜挞台则在预热至160℃的烤箱中烘焙50～60min。用手按下烤好的甜挞面坯中央处，如有弹力就说明烤好了。不脱模直接在散热架上充分放凉。

〈芝士甜挞台〉

杏仁奶油	
（直径18cm的甜挞台　1个）	
黄油	60g
砂糖	60g
鸡蛋	1个
朗姆酒	1大匙
B 低筋面粉	20g
杏仁粉	60g

芝士奶油	
（直径18cm的甜挞台　1个）	
奶油芝士	150g
砂糖	50g
酸奶	100g
鸡蛋	1个
柠檬汁	2小匙
玉米淀粉	1小匙

芝士奶油

预先准备 将奶油芝士放至室温，直到变得十分柔软后待用。

1 盆内放入奶油芝士，用打蛋器搅拌直至呈奶油状。加入砂糖一直搅拌到整体顺滑细腻。

2 按照酸奶、鸡蛋、柠檬汁、玉米淀粉的顺序依次加入，每次加入都要用打蛋器充分搅拌。

3 搅拌到整体柔软顺滑即可。

甜挞的装饰

看起来很难搞定的甜挞装饰，熟练掌握后会觉得特别简单，谁都可以搞定。
在这里总结一下做好漂亮装饰的要领。

<table>
<tr><td>

需要注意的地方

</td><td>

下面两点是做好漂亮甜挞装饰的重中之重，请务必严守。

</td></tr>
</table>

1 充分吸干水果的水分

水果比我们想象的还要富含更多的水分（果汁）。切片后直接就堆叠起来的话，稍微放一会儿，水分就会渐渐渗出，使得成型的甜点变得软塌塌、黏糊糊的，不光口感，连味道也会大打折扣。除了像香蕉那样水分偏少的水果之外，富含水分的水果一定要在厨房纸巾上放置 1~3h，充分吸干水分之后再开始进行装饰（这一点在各款做法中也有注明）。

2 用好镜面淋酱

将镜面淋酱涂抹到水果表面上，会带来晶莹剔透的光泽感，带给甜挞美丽动人的表情，所以强烈推荐使用。本书中甜挞成型阶段将水果堆叠起来的场景很多，出于使水果层面黏结的角度考虑使用的都是加热加水类型的产品。此外，使用非加热、非加水的产品，或是用水稀释后的杏肉果酱的方法也有，但是在层面黏结的意义上这些难以成为代用品。如果只想让甜挞表面呈现更晶亮的光泽感，只需用毛刷涂抹即可，但是同时也要黏结水果层面的话，饱蘸酱汁然后一边滴淋（见右下图片）一边将水果堆叠起来才是要领所在。

<table>
<tr><td>

水果的各种摆排方式

</td><td>

在这里把本书中介绍的水果摆排方式加以总结。

</td></tr>
</table>

Version 1 放射状摆排

这是那些觉得装饰很棘手的人也可以轻松驾驭的摆排方式。主要有2种模式。

>> P55

Version 2 堆叠

像小山一样，让中心成为顶点那种堆叠起来的摆排方式。此方式会给人一种非常奢华的印象。

>> P56

Version 3 铺满

如果水果的形状、大小都基本相同的话，仅仅是把它们铺满就会有很可爱的成型效果。可谓最简单的摆排方式。

>> P57

放射状摆排（纵向）

按瓣状分开的水果、纵向切片的水果，都可按照放射状进行摆排。此时需要注意的要点是，要从外侧开始摆排。在甜挞外侧边缘使水果的一端与边缘线一致摆排一周后，再向内侧将水果继续摆排叠放。为了不使中心点有偏移，摆排过程中最好能远观整体效果，加以确认。

放射状摆排（横向）

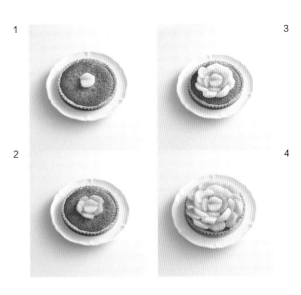

即便是同样切片的水果，呈放射状横向摆排的话，也会有另一种不同的氛围。这次从中心开始摆排。首先，定下中心点，在那里摆放两片，然后像唇形那样摆排水果，再在外圈环绕摆排，再继续向外环绕摆排……如此进行下去至完成。如果最初中心点的选定发生偏移的话，成型时就会歪斜，所以起始点很重要。

堆叠

比起平面成型，给甜挞增添一些立体感，就会给人一种高端奢华的印象。此时需要注意的是要像堆小山那样使中心点成为顶点。这是一种多练习一段时间才能上手的摆排方式，但基本上需要考虑的只有一点：切成大块的水果是基础，越向上方堆叠水果切块越小。堆叠过程中不断滴淋镜面淋酱，将水果黏结，这一点也很重要。

1 这是本次使用的水果。大片的甜橙放最下面，小颗粒的樱桃及莓果类摆在上方，其余的穿插其间，这样按照大小顺序堆叠的话，大体可以摆出造型。

2 首先摆好基础部分的甜橙切片，然后要在这上面堆叠成型，要保持高度一致，使基础部分更有稳定感。

3 摆放香蕉及猕猴桃等中等大小的水果。在这一步也要注意不要出现太大的高度差。

4 在香蕉和猕猴桃之间放入樱桃或莓果类水果，使之更稳定。

5 整个水果层充分滴淋镜面淋酱，固定住水果。

6 中心部位要堆叠成为最高点就完成了。最后目视整体平衡感，再堆上一些大一些的水果也可以，但是，在缝隙处塞上小颗粒水果的话，色彩搭配上会更有奢华感。

铺满

　　这是最简单而且成型美观的一种摆排方式。葡萄、樱桃或莓果类等球状水果堆叠时很稳定，也容易掌握整体平衡。如果是小颗粒的话，就无规律地随意点缀，然后在缝隙处再一粒粒填上就可以了。如果是大颗粒的话，定下中心点后在那里先放上一粒，然后围绕中心点继续摆排就完成了。如果是大小颗粒混在一起的话，就先摆排大颗粒的，然后在缝隙处塞入小颗粒。

〈 小颗粒的情况 〉

〈 大颗粒的情况 〉

海绵蛋糕的制作方法

海绵蛋糕是花式蛋糕重要的基础部分，属于全蛋打发面坯（即不将鸡蛋分为蛋黄和蛋清，而是用全蛋打发制作面坯。）

面坯不但要松软有弹力，而且还要湿润黏糯，更重要的是糕体要肌理细腻。

为此，一定要将鸡蛋充分打发！

这样的话，即便后来加粉搅拌，也不会破坏气泡部分，烘焙后会蓬松柔软。

不过，加入黄油之后，其油脂成分会迅速破坏气泡组织，所以这个过程要快速操作。当然与此同时也不要忘记预热烤箱哦！

另外，过于干燥的话蛋糕的可口程度也会随之减半，所以烘焙之后请不要忘记要多加一道小工序。

预先准备

材料
（直径18cm 的圆形　1个）

鸡蛋	3 个
砂糖	75g
蜂蜜	1 大匙
牛奶	1 大匙
低筋面粉	85g
黄油	30g

将低筋面粉过筛待用。黄油用盆隔热水加热，或用微波炉加热，化开待用。

在蛋糕模型里铺上烘焙纸。烤箱预热至170℃。

1　盆内放入鸡蛋和砂糖，再放入蜂蜜，用手持搅拌器轻轻混合搅拌。

＊　鸡蛋一旦被打发起来体积会增加，最好使用直径28cm 左右的盆。

2　隔水加热（热水温度约60℃），用手持搅拌器高速搅拌打发。

＊　鸡蛋加热后更容易打发起泡，但是如果温度过高会凝固变硬，这一点要注意。

3　材料大体与肌肤温度相同（36～38℃，伸入手指能感到热度即可）时即可撤掉热水盆，继续高速搅拌打发。

＊　时间拖久了不容易打发起泡，所以如果温度一直偏低的话，就一直隔水加热搅拌打发，直到温度上升为止。

4 如图片所示，用打蛋器挑起一
部分蛋糊，蛋糊先是兜在打蛋
器内一会儿，然后会慢慢垂落
下来，充分打发直到接近这种
状态。

* 在这个步骤做到充分打发，这样接
下来加入面粉搅拌时气泡也不会消
失，烘焙口感也会蓬松柔软。

5 将手持搅拌器调到低速，打发 2 ~
3min，使面糊的纹理细腻均匀。

6 加入牛奶，用打蛋器搅拌至均匀
顺滑。

* 加入牛奶会提升口感，而接下来加
入面粉后也会更容易搅拌。

7 低筋面粉分两次过筛加入，每
次都用打蛋器充分搅拌。首先
加入一半量。

8 用打蛋器充分搅拌。

* 也许你会担心搅拌过度烘焙时会蓬
松不起来，其实只要在步骤 4 时充
分打发，气泡是不会消失的。正因
为充分搅拌，才可以更好地防止烘
焙之后面坯发生回缩凹陷的现象。

9 将剩下的低筋面粉也过筛加入，
用打蛋器充分搅拌，直到如图片
那样没有干粉为止。

* 整体柔滑，没有分离感即可。

10 换用橡胶刮刀，一下一下切分似
的混合搅拌。

* 步骤 1~3 用手持搅拌器进行搅拌时
容易形成大的气泡，但在经过步骤
8 ~ 10 的混合搅拌后那些大的气泡
被打破，就可以烘焙出松软可口的
海绵蛋糕了。

11 如图所示，一直搅拌到面糊出现
光泽感，整体为顺滑状态即可。

12 用橡胶刮刀遮挡着均匀加入事先
溶化好的黄油。

* 加入黄油后气泡会更容易被打破，
所以此后的步骤都要快速操作。

13 使用橡胶刮刀，从底部切入再向上翻起那样地进行搅拌。

* 黄油偏重，容易滞留在盆的底部，所以搅拌时一定要从盆底向上翻起那样用橡胶刮刀大幅度地混合拌匀。

14 至此面糊制作完成。

15 将面糊一口气快速倒入模具里。

16 盆内残留的面糊，沿着模具的边缘装入。

* 由于残留在盆内的面糊里的气泡已经破碎，所以不容易有蓬松的烘焙效果。如果把这部分面糊装在模具中心的话，烘焙出来就会有塌陷感。这一点要注意。

17 从 10～20cm 的高度将模具自由落下，以此排出多余的气泡。

* 自由落下这一步骤会让大的气泡破碎，使面坯的肌理更细腻顺滑。但是如果多次给面坯冲击的话，反而烘焙后不会有蓬松感了，所以仅落下一次就好。

18 在预热至170℃的烤箱里烤20～30min。

19 烤好后呈现出很好吃的焦黄色，按下去糕体中央很有弹力的话就烤好了。

20 从 10～20cm 的高度将模具自由落下 1 次，以防止烤好的蛋糕凹陷。

* 自由落下这一步骤会让内侧积聚的炎热水汽发散到外边。如果在内部含有很多水分的状态下冷却的话，糕体容易出现凹陷现象，落下一次就可以防止这种现象的发生。

21 在蛋糕上覆盖一层烘焙纸，然后直接翻过来放到蛋糕散热架上脱型，去余热，直到使用为止，用保鲜膜连同烘焙纸一起包起来，正面朝上放置待用。

蛋糕的装饰

涂抹奶油、奶油裱花等，与甜挞装饰相比，蛋糕的装饰需要更多的精工细作。在这里总结介绍操作技巧，但重要的是需要反复练习。

切片

海绵蛋糕切片时如果切斜了，外观和味道的平衡感都会大打折扣。
使用波纹刀刃的切刀可以切得很漂亮。

使用蛋糕分层切片器

将海绵蛋糕用分层切片器（横截面宽1cm、长1.5cm的四棱角尺，烘焙糕点材料店）定位夹住，再将波纹刀刃的切刀置于分层切片器上，然后让切刀紧紧贴着分层切片器切即可。也可在家居建材超市等购入四棱木材代用，既实惠又方便。

使用牙签

如果没有分层切片器，也可以用牙签。先量好需要切片的厚度（高度），在那个位置上插上牙签。一边量厚度一边插上牙签，合计插上10～13处，细密地插入牙签后，与分层切片器同样切法分层切片。

涂抹奶油

首先涂抹八成打发的奶油，然后再用七成打发的奶油涂抹成型是关键所在。

1 将八成打发起泡的奶油足量堆在蛋糕上。

* 比起一点点涂抹奶油，最初一下子把足够量的奶油堆在蛋糕上后摊开涂抹，最后再把多余的奶油刮掉的方法，会使蛋糕成型更美观。

2 一只手旋转转台，另一只手使用奶油刮刀，将上面的奶油推开涂抹。

3 同样一边旋转转台，一边将从上面流淌下来的奶油涂抹在侧面。

* 这之后要涂抹七成打发的奶油成型，所以这个阶段涂抹得不是很美观也无妨。

4 同样充分涂上七成打发的奶油。

* 在这里也请一下子把足够量的奶油堆在蛋糕上，多余的奶油最后刮掉即可。

5 一只手旋转转台，另一只手使用奶油刮刀，将上面的奶油推开涂抹。

6 同样将奶油也涂抹到侧面。

* 鲜奶油用刮刀涂抹推开的过程中会起泡，且越来越干巴。快速成型是操作要点。

7 将奶油涂抹得均匀美观，就算完成了。

* 过多接触的话，奶油会变得干巴巴的，所以就算有不如意的地方也要适可而止，这才是成型美观的诀窍。

如果没有转台

在底部没有防滑处理的盆上，架上菜板或蛋糕切板等，就可以成为一个代用的转台。在盆中装上水，就会起到重石作用，旋转时也不必担心翻盆了。

奶油

在这里介绍一下打发奶油的方法和几款奶油各自不同的特点。

鲜奶油

这是做蛋糕装饰时必不可少的一种奶油。从打发起泡的不同程度开始学习。

·六成打发

有黏稠感，但用打蛋器挑起的话，奶油不能附着停滞在打蛋器上，有稠糊糊地流淌下来的感觉。本书中制作黑葡萄雷亚士芝士蛋糕（P83）时所用的鲜奶油就是这个硬度。

·七成打发

用打蛋器挑起的话，打蛋器上会留有一些奶油，之后才会慢慢淌下来。另外，淌下来的奶油的痕迹会稍有残留（稍后会消失）。涂抹蛋糕时，最后成型时使用的奶油就是这个硬度。

·八成打发

用打蛋器挑起的话，打蛋器上的奶油、挑起之后盆中的奶油，都会竖起棱角。奶油也不会淌下来。装入裱花袋里用来裱花的奶油就是这个硬度。

·九成打发

用打蛋器挑起的话，打蛋器上充塞得满满的状态。再继续打发的话就会干巴巴的，奶油的口感也会变坏，所以请一定注意。这就是与去除水分之后的酸奶等混合在一起时的硬度。

裱花嘴

挤出鲜奶油时，将裱花嘴更换一下的话，整个装饰氛围都会一下子发生变化。在此介绍一下本书中使用的裱花嘴。

·圆形裱花嘴

顾名思义就是切口为圆形的裱花嘴。这个形状的裱花嘴口径从 0.3 ~ 1.5cm 大小各异，装饰出来的感觉也各不相同。本书主要使用的是口径 1.2cm 的裱花嘴。

·星形裱花嘴

切口中还有尖细的切口的裱花嘴。切口越多，挤出来的花样越精致美丽。本书中主要使用的是口径 1 ~ 1.2cm、有 8 ~ 10 个切口的裱花嘴。

·玫瑰裱花嘴

切口处看上去是很细的线状，但是左右撇开挤出就会成为非常美丽的曲线装饰线条，当然这款裱花嘴也可以挤出玫瑰花形。本书中主要使用的是口径 1cm 的裱花嘴。

·双排裱花嘴

切口两侧为锯齿状的裱花嘴（只单侧有锯齿的则被称为单排裱花嘴），只是直线挤出来也会增加奢华感觉。本书中主要使用的是口径 2.4cm 的裱花嘴。

·圣奥诺雷花样裱花嘴

这是专门用于制作法国传统点心圣奥诺雷的裱花嘴。倾斜着简单挤出来就令人感觉非常雅致。本书中主要使用的是口径 1.1cm 的裱花嘴。

蛋黄酱

蛋黄酱在甜挞的世界里也是经常亮相的一员。

材料分量因各款做法不同而有差异，具体请参考各款甜挞、蛋糕的材料介绍。

材料

蛋黄

砂糖

低筋面粉

香草豆

牛奶

黄油

＊各款糕点具体做法不同，有的需要另加朗姆酒或柠檬汁等。

1 在盆内放入蛋黄和砂糖，用打蛋器充分打发，直至整体发白为止。

2 少量多次加入低筋面粉，每次加入后都用打蛋器搅拌打发，直至顺滑。

3 将香草豆用刀纵向切开，剔出种子。小锅中放入牛奶，再将香草豆荚部分和剔出的种子放入，小火加热（注意一定不要煮沸）。

4 在即将沸腾之前将步骤 3 的煮锅熄火，向步骤 2 的盆内一点点加入，每次加入一点后都要用打蛋器充分搅拌。

5 在刚才的小锅上架上过滤网，将步骤 4 的液体过滤回锅。

＊ 在这里顺便将香草豆荚也一起滤除。

6 步骤 5 的小锅置于小火之上，用橡胶刮刀不停地搅拌。如图片所示一般黏稠后即可熄火，再加入黄油溶化搅拌。

＊ 如需要加入朗姆酒或柠檬汁等的话，在加入黄油之后加入并搅拌。

7 将步骤 6 的材料装入密封盒等适当的容器里，趁热用保鲜膜贴紧覆盖后放凉，之后放入冰箱冷藏待用。

＊ 如果保鲜膜覆盖时没有贴紧的话，表面会形成一层膜。

＊ 将充分冷却后的蛋黄酱移放到盆里，用橡胶刮刀搅拌后使用。

甜挞与蛋糕的切分方法

煞费苦心地烘焙好的甜挞和蛋糕，当然想要切分得美观养眼。
在众人面前娴熟地切分不是一件容易的事情，
所以建议把整个蛋糕拿回厨房切分好后再端出来。

甜挞的切分方法

1 单手按住水果，用波纹刀刃的切刀前后小幅划动着向下切，将甜挞对半切分。此时，在切割线上如有诸如蓝莓等的小颗粒水果，很容易切碎，切的时候将小颗粒水果左右移动避开刀刃。

2 最后切分成 6~8 等份。有水果堆砌的甜挞，想要保持水果成型时的样子，切分很不容易，所以入刀时即便水果滑落下来也不要过于在意，继续完成切分就好。

3 将切分好的甜挞移到碟子里，将滑落下来的水果再摆上去，再涂抹上一层镜面淋酱使之重新黏合在一起。

4 如果不容易找好平衡，那就用香芹或薄荷等香草叶装饰一下也不错。将滑落下来的水果随意点缀在甜挞周围也会很可爱。

蛋糕的切分方法

1 将波纹刀刃的切刀置于热水中充分加温。热水最好是装在插入切刀也不会倒的耐热性强的细长形容器里。也可以使用牛奶盒代替。

2 充分加温后，用毛巾将切刀上的水分擦干。这样切蛋糕时就会有漂亮的断面。第1、2步的工序，每切一刀都必须重复进行。

3 单手按住水果部分，用波纹刀刃的切刀前后小幅滑动着向下切。此时，在切割线上如有诸如蓝莓等的小颗粒水果，或是很难切分得好的草莓等，要将它们左右移动避开刀刃。

4 将均分为 6~8 等份的蛋糕移到碟子里，没能很好切分的部分或是走形的部分，只要用鲜奶油裱花掩饰一下就能够完美成型。

Cake

轻快爽口的可尔必思乳酸奶油，再配上夏天的水果，这简直就是来自夏季水果的为夏天
而存在的蛋糕！

在这里使用的水果有木瓜、芒果、凤梨、黄金猕猴桃、西番莲果等，而这款奶油不管和
哪种水果搭配都相得益彰，所以请尽情使用你喜欢的夏季水果，做出专属夏天的蛋糕吧！

夏季水果蛋糕

Recipe → *P73*

Tart

在椰奶香味里平添一抹荔枝香的奶油，再与西瓜组合在一起，就是这款让人不禁联想起
南国夏季风情的甜挞啦。
水润爽口又不失浓郁口感，带给你宛若初遇般的味蕾感受。
请选择最甘甜水润的西瓜做起来！

西瓜椰奶甜挞

Recipe → *P74*

Cake

为了更充分地享受网纹甜瓜的美味，这里有意选择了式样最为简单的奶油蛋糕来成型。

使用熟透的甜瓜，再充分控水，这两点是保证美味的关键所在。网纹甜瓜不仅有夕张甜瓜等橘红色果肉的品种，像安第斯甜瓜、麝香甜瓜等淡绿色果肉的品种也非常值得推荐。

甜瓜蛋糕

Recipe → *P74*

Tart

果期短暂的美国樱桃，与马斯卡彭芝士奶油相配，可以尽情且奢侈地大快朵颐。
看起来娇艳可爱的樱桃，只是均匀地摆排在一起就非常赏心悦目。

樱桃甜挞

Recipe → *P75*

Cake

借鉴来自鸡尾酒凤梨可乐达的灵感，使用朗姆酒、椰奶粉、凤梨来做这款蛋糕。
另外还使用了很多黄金猕猴桃，使蛋糕的甜和酸相辅相成，更加浑然一体。
洋溢着淡淡异国情调的口感，在闷热的夏夜更是绝佳之选。

凤梨黄金猕猴桃蛋糕

Recipe → *P75*

芒果甜挞 *(P44)*

材料

【甜挞】

烘焙好的杏仁甜挞台〔P50-53〕	1个

【蛋黄酱】

蛋黄	2个
砂糖	40g
低筋面粉	20g
香草豆	1/2 根
牛奶	160mL
黄油	15g
朗姆酒	1 大匙
加拉巴奥芒果、爱文芒果	各 1 个
镜面淋酱、香芹	各适量

制作方法

1 **做蛋黄酱**

参照 P63 蛋黄酱的制作方法，按照左侧材料和分量制作（朗姆酒在黄油之后加入并搅拌），放凉后待用。

2 **准备芒果**

将芒果剥皮，避开果核纵向切成 3 片后，再纵向细切。

3 **组合成型（a→d）**

在甜挞台上面涂抹搅拌得非常顺滑的蛋黄酱，将芒果从中心开始呈花瓣状摆开（将切片的芒果弯成圆弧状放到中心点后摆开会比较好）。在芒果上面涂抹镜面淋酱，装饰香芹。

＊摆排芒果的时候，加拉巴奥芒果（淡黄色）与爱文芒果（深黄色）交互摆开的话，会呈现非常美观的浓淡过渡，无论卖相还是味道都会更加均衡完美。

芒果蛋糕 *(P45)*

材料

【海绵蛋糕】

柠檬风味海绵蛋糕	1个
	（3 等分横切）

＊参照 P58-60 海绵蛋糕的制作方法，将牛奶 1 大匙换成柠檬汁 1 大匙，将 1 个柠檬的皮磨碎后取一半量与低筋面粉同时加进去，之后按同样的步骤烘焙。

【奶油】

酸奶	400g
芝士	200g
砂糖	70g
柠檬汁	1 大匙
柠檬皮碎末	1/2 个的量
鲜奶油	200mL
爱文芒果	1 个
镜面淋酱、薄荷	各适量

制作方法

预先准备

将酸奶放到铺有厚厚厨房纸巾的笊篱上搁置一夜，控水至酸奶剩 200g 为止。

1 **做奶油**

① 将芝士回温到室温，加入砂糖后搅拌，直到全部光滑柔顺为止。按照柠檬汁、柠檬皮碎末、控过水的酸奶的顺序逐次加入，每次都要充分搅拌。

② 在别的盆内放入鲜奶油，将盆置于冰水上，用手持搅拌器搅拌至九成打发。

③ 将①加入②内充分搅拌后冷却待用。

2 **准备水果**

将芒果削皮后切成一口大小。

3 **组合成型（a→d）**

① 在第 1 层海绵蛋糕上薄薄地涂抹奶油，撒上部分芒果，再继续薄薄地涂抹奶油。将第 2 层海绵蛋糕重叠其上，同样涂抹之后，再将第 3 层海绵蛋糕重叠其上。

② 在蛋糕上面和侧面用奶油均匀涂抹之后，将剩余的奶油装入镶有圣奥诺雷花样裱花嘴的裱花袋里，从外侧开始向中心处裱几道花样。正中央摆上芒果，在芒果上涂抹镜面淋酱，装饰上薄荷即可。

白桃薄荷甜挞 *(P46)*

材料

【甜挞】

烘焙好的杏仁甜挞台（P50-53）	1个

【果子冻】 ＊会有剩余。

白桃		3 ~ 4个
A	水	250mL
	砂糖	40g
	白葡萄酒	50mL
	薄荷	10g
粉末明胶		5 g
水		2 大匙
柠檬汁		3 大匙

【奶油】

酸奶	400g
砂糖	2 大匙

薄荷	适量

制作方法

预先准备

将酸奶放到铺有厚厚厨房纸巾的笊篱上搁置一夜，控水至酸奶剩200g 为止。将粉末明胶加水（2 大匙）泡发。

1 做果子冻

① 将白桃削皮除去果核后，6 ~ 8 等分切成梳形块。

② 将 A 的材料全部放入小锅内后用中火加热，沸腾之后转小火，继续煮3min 左右后用笊篱过筛待用。

③ 加入提前泡发的明胶和柠檬汁后搅拌，趁热将①的白桃加入。

④ 去余热后移放到适当的容器中，放到冰箱内冷却 2 ~ 3h 使之凝固（a）。

2 做奶油

在控水后的酸奶里加入砂糖充分搅拌。

3 组合成型（b → d）

在甜挞上涂抹奶油，将果子冻捣碎堆砌起来。最后点缀上薄荷即可。

芒果甜挞

芒果蛋糕

白桃薄荷甜挞

    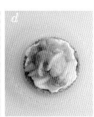

白桃蛋黄酱蛋糕 *(P47)*

材料

【海绵蛋糕】

海绵蛋糕（P58-60）	1 个
	（3 等分横切）

【奶油】

蛋黄酱	
蛋黄	2 个
砂糖	40g
低筋面粉	25g
香草豆	1/2 根
牛奶	180mL
鲜奶油	200mL
砂糖	1 大匙
白兰地	1 大匙
白桃	2 ~ 3 个
镜面淋酱、香芹	各适量

制作方法

1　准备白桃

将白桃削皮后一半切成 1cm 见方的小块，另一半切成 2cm 见方的小块。摆放在厨房纸巾上面，轻轻吸去多余水分后待用。

2　做奶油

① 参考 P63 蛋黄酱的制作方法，按照左侧材料和分量制作（不加黄油），冷却后待用。

② 在盆内加入鲜奶油、砂糖、白兰地，将盆置于冰水上，用手持搅拌器搅拌至八成打发。

③ 将①搅拌得柔软顺滑后，将②的 3/4 加入，充分搅拌。剩余的奶油装入镶有圆形裱花嘴的裱花袋里待用。

3　组合成型（a→d）

① 在第 1 层海绵蛋糕上薄薄地涂抹蛋黄酱和鲜奶油，将 1cm 见方的小块白桃撒在上面，然后再同样薄薄地涂抹奶油。将第 2 层海绵蛋糕重叠其上同样涂抹之后，再将第 3 层海绵蛋糕重叠其上。

② 在蛋糕上面和侧面用同样的奶油均匀涂抹之后，将侧面用奶油刮刀一抹一抹向上划出纵向线条模样。

③ 边缘处用奶油裱花镶边，中央堆砌 2cm 见方的小块白桃，在白桃上涂抹镜面淋酱，装饰上香芹即可。

＊白桃容易酸化变色，请在制作当天食用。

枇杷杏仁甜挞 *(P48)*

材料

【甜挞】

烘焙好的杏仁甜挞台	1 个

＊参照 P50-53 和甜挞台一样烤好本款挞台，中间加入的杏仁奶油按如下配方置换。

◆杏仁粉 60g →杏仁粉 30g+ 杏仁霜 30g
　朗姆酒 1 大匙→意大利苦杏仁酒 1 大匙

【杏仁豆腐】 ＊会有剩余。

	杏仁霜	3 大匙
A	砂糖	3 大匙
	水	50mL
牛奶		250mL
粉末明胶		5 g
水		2 大匙
	水	200mL
B	砂糖	50g
	柠檬汁	60mL
	意大利苦杏仁酒	2 大匙
	＊有杏仁醇香的杏仁利口酒。	
枇杷		8 ~10 个
镜面淋酱、薄荷		各适量

制作方法

预先准备

将粉末明胶加水（2 大匙）泡发待用。

1　做杏仁豆腐

① 将 A 的材料全部放入小锅里，充分搅拌后用中火加热。稍微有点黏稠感后少量多次加入牛奶，贴近锅边开始泛起气泡后将泡发的粉末明胶加入并搅拌，熄火。

② 明胶溶化之后，用笊篱过筛后移到适当的容器里，去余热之后放入冰箱冷却 2 ~ 3h 使之凝固。

2　准备枇杷

① 将 B 的材料放入小锅后用中火加热，砂糖溶化之后熄火，装入适当的容器里，制成果子露。

② 枇杷剥皮后切半，除去果核后加入到①中。去余热之后放入冰箱冷却 2 ~ 3h，充分浸渍。

3　组合成型（a→d）

将枇杷的切口朝下在甜挞边缘摆排，中央用勺子舀起杏仁豆腐后填入其中。再在上面堆叠枇杷，在枇杷上涂抹镜面淋酱后装点上薄荷即可。

＊枇杷容易酸化变色，请在制作当天食用。

夏季水果蛋糕 *(P65)*

材料

【海绵蛋糕】

海绵蛋糕（P58-60）	1 个
	（2 等分横切）

【奶油】

酸奶	500g
鲜奶油	200mL
可尔必思（乳酸饮料）	100mL
黄金猕猴桃、加拉巴奥芒果、	
西番莲果	各 1 个
木瓜	1/2 个
凤梨	适量
镜面淋酱、香芹	各适量

制作方法

预先准备

将酸奶放到铺有厚厚厨房纸巾的笊篱上搁置一夜，控水至酸奶剩 200g 为止。

1 准备水果

① 将一半量的黄金猕猴桃、凤梨切成 5mm 厚的扇形块，剩余的切成 1 ~ 1.5cm 厚的扇形块。西番莲果切半。

② 将一半量的木瓜和加拉巴奥芒果切成 5mm 厚，剩余的切成一口大小。

③ 将西番莲果之外的水果在厨房纸巾上放置 3h 左右，充分控水后待用。

2 做奶油

在盆内加入鲜奶油和可尔必思，将盆置于冰水上用手持搅拌器搅拌至八成打发。再将控水后的酸奶加入并充分搅拌。

3 组合成型（a → d）

① 在第 1 层海绵蛋糕上全部薄薄地涂抹奶油，将切成 5mm 厚的水果撒在上面，用汤匙将西番莲果的种子部分（1/2 个的量）舀起浇在上面。然后再同样涂抹奶油，将第 2 层海绵蛋糕重叠其上。

② 在蛋糕上面和侧面用奶油均匀涂抹之后，在上面用蛋糕刮片做出斜向锯齿纹理模样。

③ 在中央部分将剩余的水果均匀堆叠，最后用汤匙将西番莲果的种子部分（1/2 个的量）舀起浇上。水果上面涂抹镜面淋酱，最后点缀上香芹即可。

白桃蛋黄酱蛋糕

枇杷杏仁甜挞

夏季水果蛋糕

西瓜椰奶甜挞 (*P66*)

材料

【甜挞】

烘焙好的杏仁甜挞台（P50-53）	1个

【奶油】

鲜奶油	150mL
椰奶粉	3 大匙
砂糖	1 大匙
蒂她（Dita）酒	1 ~ 2 大匙
＊荔枝利口酒。	
西瓜	500g（实际量，约 1/6 个）
镜面淋酱、香芹	各适量

制作方法

1　准备西瓜

将西瓜去皮后切成边长 4 ~ 5cm 大小的方块状，摆放到厚厚的厨房纸巾上放置 3h 以上，充分控水（a）。

＊接近瓜皮的部分水分很多，所以最好使用靠近正中部位的西瓜。

2　做奶油

在盆内加入鲜奶油、椰奶粉、砂糖、蒂她酒，将盆置于冰水上，用手持搅拌器搅拌至九成打发。

3　组合成型（b→d）

在甜挞上涂抹奶油，将西瓜摆放其上。一边观察整体平衡感，一边像堆小山那样继续堆叠。在西瓜上涂抹镜面淋酱，点缀上香芹即可。

椰奶粉是将椰奶经过干燥加工成粉末状的产品（左侧图），在超市或糕点烘焙材料店，以及提供民族特色食材或香料调味品的店铺等处可以买到。

蒂她酒就是荔枝利口酒，在超市或酒水专卖店等处可以买到。

甜瓜蛋糕 (*P67*)

材料

【海绵蛋糕】

海绵蛋糕（P58-60）	1个
	（3 等分横切）

【奶油】

鲜奶油	400mL
砂糖	2 大匙
白兰地	1 大匙
麝香甜瓜	1 个
薄荷	适量

制作方法

1　准备水果

① 将麝香甜瓜切半去掉种子部分，用挖勺（口径 2.8cm）挖成圆球形（如果没有挖勺的话，就用小匙或小匙 1/2 的量匙也可以）。剩余的去皮之后切小块待用。

② 将①摆放在厨房纸巾上放置 3h 以上，充分控水。

2　做奶油

在盆里加入鲜奶油、砂糖、白兰地，将盆置于冰水上，用手持搅拌器搅拌至七成打发。用另一个盆取出其中 1/3 的量，剩余的奶油继续搅拌至八成打发。

3　组合成型（a→d）

① 在第 1 层海绵蛋糕上全部薄薄地涂抹八成打发的奶油，将切成小块的甜瓜摆排其上，再在上面同样薄薄地涂抹奶油。将第 2 层海绵蛋糕重叠其上同样涂抹奶油之后，再将第 3 层海绵蛋糕重叠其上。

② 在蛋糕上面和侧面首先用八成打发的奶油均匀涂抹之后，再用七成打发的奶油最后涂抹成型。剩余的奶油（七成、八成一起，如果奶油过稀就混在一起再度打发）装入镶有圆形裱花嘴的裱花袋里沿边缘裱花一圈，在内侧摆放挖成圆形的甜瓜，点缀上薄荷即可。

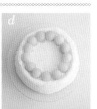

樱桃甜挞 *(P68)*

材料

【甜挞】

烘焙好的杏仁甜挞台（P50-53）	1 个

【奶油】

马斯卡彭芝士	120g
砂糖	2 大匙
樱桃白兰地	1 小匙
＊樱桃利口酒。	
美国樱桃	200g
镜面淋酱、开心果	各适量

制作方法

1　做奶油

在盆内加入马斯卡彭芝士、砂糖、樱桃白兰地，用打蛋器搅拌至光滑柔顺为止。

2　组合成型（a→d）

在甜挞上涂抹奶油，将美国樱桃从中心开始密集摆放其上。在美国樱桃上涂抹镜面淋酱，最后点缀上切碎的开心果即可。

凤梨黄金猕猴桃蛋糕 *(P69)*

材料

【海绵蛋糕】

海绵蛋糕（P58-60）	1 个
	（2 等分横切）

【奶油】

鲜奶油	300mL
砂糖	2 大匙
椰奶粉	4 大匙
朗姆酒	1 大匙
凤梨	1/4 个
黄金猕猴桃	3 ~ 4 个
镜面淋酱	适量

制作方法

1　准备水果

① 将凤梨一半切成 3mm 厚的扇形块，一半切成 1cm 厚的扇形块。

② 将黄金猕猴桃削皮后一半切成 3mm 厚的圆片，一半切成 1cm 厚的圆片。

③ 只将①摆放在厨房纸巾上放置 3h 以上，充分控水。

2　做奶油

在盆里加入鲜奶油、砂糖、椰奶粉、朗姆酒，将盆置于冰水上，用手持搅拌器搅拌至七成打发。用另一个盆取出其中 1/3 的量，剩余的奶油继续搅拌至八成打发。

3　组合成型（a→f）

① 在第 1 层海绵蛋糕上全部薄薄地涂抹八成打发的奶油，将切成 3mm 厚的凤梨摆排其上，再在上面薄薄地涂抹同样的奶油，将切成 3mm 厚的黄金猕猴桃摆排其上，再在上面薄薄地涂抹同样的奶油，将第 2 层海绵蛋糕重叠其上。

② 在蛋糕上面和侧面首先用八成打发的奶油均匀涂抹之后，再用七成打发的奶油最后涂抹成型。在中央部分将切成 1cm 厚的凤梨和黄金猕猴桃堆叠起来（个别地方将水果竖立摆放会增添立体感），在水果上涂抹镜面淋酱。

水果手贴

夏天的水果

对不大喜欢夏天的我来说，夏天也难得有好的方面，那就是夏天的水果特别好吃。

果肉细腻、甘甜多汁的白桃，甘美水灵、口味清香的甜瓜，浓厚深沉、酸甜可口的甜橙，更有以黄艳果肉代言夏天色彩的芒果……许是夏天的水果凝聚了太多来自太阳的恩惠，所以才会散发出那样鲜艳夺目的光芒吧。

盛夏的时候西瓜几乎就是主食，樱桃那可爱的模样让人怦然心动，第一次吃到新鲜黄桃时那味蕾欢腾的感觉至今难忘……是的，如果是讲有关夏天水果的故事，我有种永远都不会枯竭无语的感觉。

西瓜

【果期】6～8月

【特征/味道】西瓜表皮深绿色中带有一道道黑色锯齿纹样，是外形浑圆特征明显的一种水果，也有黑溜溜的品种（田助西瓜）、正四方形的品种等被改良后的西瓜。西瓜水分充沛，味道甘甜。

【挑选方法】要选择有弹力有光泽的，瓜蒂要新，黑色和绿色的条纹要清晰。

【保存方法】大号的西瓜常温保存，切开的西瓜要放到冰箱里。西瓜容易走味，所以要尽早处置。

【小贴士】可以打成果汁，与其进行加工，不如直接食用原汁原味更好。

桃

【果期】6～8月

【特征/味道】品种各不相同，但总体来说白桃柔软甘甜、果汁丰富。亚洲通常是较硬的品种，而在欧美国家则以黄桃为主流。

【挑选方法】要选择个体浑圆、外形饱满，密布细软绒毛，表皮有弹力的。此外，桃子很容易腐败溃烂，汁意要避免选择有伤的桃子。

【保存方法】常温保存。食用前2～3h放入冰箱。熟透的桃子特别容易溃烂，一定要注意。

【小贴士】桃子去皮后容易酸化变色，要么立刻吃掉，要么加工成糖浆水果比较好。

网纹甜瓜

一提起夏天的水果，和西瓜并列前茅的就是人气旺盛的网纹甜瓜了。网纹甜瓜有很多种类，做蛋糕或甜挞时推荐使用绿色果肉的甜瓜。

麝香甜瓜（伯爵甜瓜）

【果期】4～9月

【特征/味道】

甜味强烈，水分充沛。安第斯甜瓜与麝香甜瓜的味道相似，但独特的芳香和T字形的瓜蒂是麝香甜瓜的特征。一株只结一个甜瓜。因此价格较高。

【挑选方法】

选择浑圆美观、纹络均匀清晰的甜瓜（这一点适合所有网纹甜瓜）。

【保存方法】*适合所有甜瓜。

常温保存。食用的话提前半天左右放入冰箱。

【小贴士】为更好地衬托甜瓜独特的芳香，选用香味柔和的材料搭配比较好。

安第斯甜瓜

安第斯甜瓜甘甜多汁，与麝香甜瓜非常相似。是现在上市最多的甜瓜品种之一，很容易买到，价格也很亲民，这些是它的强项。本书中介绍的甜瓜蛋糕使用的是麝香甜瓜，但安第斯甜瓜做也会一样好吃。果期与挑选方法和麝香甜瓜一样。

其他品种的甜瓜

夕张蜜瓜等橘红果肉的甜瓜，比绿色果肉的甜瓜的甜味更浓，推荐制作更能够充分发挥其浓厚甘甜口感的冷点心。外皮为乳白色的甜瓜，比绿色果肉品种具有更爽口的风味，香气不是很浓郁，但味道细腻，入口很温和。

樱桃

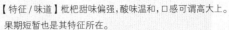

【果期】5～7月

【特征/味道】酸甜细致，美国产的樱桃甜味更浓。

【挑选方法】选择有光泽感和有弹性的。

【保存方法】买回家马上放入冰箱。樱桃不宜耐久保存，请尽早处置。

【小贴士】如果是做成果酱、糖浆水果等需要加工的食品的话，推荐使用味道浓厚的美国樱桃。即使加热处理味道也不会打折扣。

枇杷

【果期】5～6月

【特征/味道】枇杷甜味偏强，酸味温和，口感可谓高大上。果期短暂也是其特征所在。

【挑选方法】选择果皮呈鲜艳的橘黄色、光泽饱满的。正中有果核，所以选择大颗粒的枇杷才有吃头。

【保存方法】常温保存。食用前2～3h放入冰箱！

【小贴士】枇杷果期短暂，请不要错过好时节，多多享用。

其他夏季水果

夏季就是个大量水果上市、热闹非凡的季节。现在连外国品种的夏季水果也都可以轻松买到，所以更要尽情享受。

芒果

加拉巴奥芒果（菲律宾产芒果）（左）
爱文芒果（墨西哥产芒果）（右）

【果期】加拉巴奥芒果（进口水果）：全年；爱文芒果：6～8月

【特征/味道】加拉巴奥芒果：够甜也不缺酸爽。最有魅力的一点是全年市面上都买得到。

爱文芒果：甜味浓重且芳香宜人是其主要特征。有温软圆融的口感。

【挑选方法】*两种芒果都适用。

选择饱满而有光泽，果皮没有黑色斑点的。轻触有点柔软即为最适合品尝的时候，但不要选择过于松软的。

【保存方法】*两种芒果都适用。

常温保存。食用前2～3h放入冰箱。

【小贴士】具体选用哪种芒果可根据个人喜好而定。成型时用加拉巴奥芒果会更爽口，用爱文芒果会更浓厚。此外，色泽上加拉巴奥芒果更接近黄色，爱文芒果则更接近橘黄色。

木瓜

【果期】全年

【特征/味道】甘甜味道，黏稠口感，是代表性的热带水果。与椰子、椰奶搭配的话，最是相得益彰。

【挑选方法】选择果皮光泽饱满的全部是黄色的木瓜。

【保存方法】常温保存。食用前2～3h放入冰箱。

【小贴士】如果直接食用的话，稍微淋点柠檬汁口感更好。

黄金猕猴桃

【果期】进口水果：4～9月；国产水果：8～10月

【特征/味道】比绿色猕猴桃更甜甜，酸味不强，更好吃。和绿色猕猴桃不同，黄金猕猴桃没有绒毛。

【挑选方法】选择果皮饱满圆润的。

【保存方法】常温保存。食用前2～3h放入冰箱。

凤梨

【果期】进口水果：全年

【特征/味道】酸甜口感均衡，是适合制作冷点心的水果。

【挑选方法】选择叶子部分仍为绿色的，整体饱满有光泽感的。

【保存方法】常温保存。食用前半天左右放入冰箱。

【小贴士】凤梨都是成熟后才上市的，所以要尽早食用。长期存放会走味。

西番莲果

【果期】7～9月

【特征/味道】这种水果切半后食用种子部分。口感酸甜，又不失靓丽，纯南方风味。

【挑选方法】如果要立刻食用，就请选择果皮褶皱很多的。如果打算存放后食用的话，就请选择果皮光滑的。

【保存方法】常温保存。食用前2～3h放入冰箱。

【小贴士】种子部分直接就是水果浆汁，只要浇在酸奶或冰淇淋上就能成为好吃的甜点。

关于夏季水果需要注意的是

☆保鲜期不长！

由于糖度高、水分多，成熟的夏季水果很难保存长久保鲜。

☆在可以信赖的店铺购买！

不切开看看就不知道真相的夏天的水果购买风险也不小，而且，到底熟透了没有也很难一眼看穿。所以，最好在可以信赖的店铺购买。购买时最好问清适合食用的时间。

☆冷藏之后甜度会大打折扣！

一直把水果放在冰箱里的话，水果的甜度就会下降。常温保存，然后食用前几个小时放入冰箱里冷藏。

☆南方水果要注意酵素！

凤梨、甜瓜、猕猴桃、木瓜等南方水果，含有能够分解明胶的酵素，用这些水果做果冻时会有不能凝固的现象发生。而料理中使用南方水果可有让肉类更柔嫩的效果。

秋天的甜挞与蛋糕

梨、洋李子、葡萄还有柿子……

秋天，就像树叶都被染成红色、黄色、茶色一样，水果们也都换装成了雅而不华的秋色。味道也平添了几分浓重，同是甘甜但多了几分层次感，与春夏季鲜明的酸味或甜味相比，好像多了一抹深沉。

制作可以演绎如此秋色的甜达和蛋糕时，用水果给海绵蛋糕和奶油都多添一份浓厚口感，让秋天变得更有味道。"食欲之秋"，请尽情享受秋季的甜达和蛋糕吧！

Tart

将无花果在糖浆里蘸过挂糖。

无花果可稍微多装点一些，用最简单的方式品尝丰醇甘美。

挂糖前要将无花果一直放在冰箱中，不要提前拿出来，这一点很关键。

无花果挂糖甜挞

Recipe → *P90*

Cake

酷暑猛威稍过，开始感到凉爽秋意的季节，深沉的、浓郁的、甚至有点厚重感的蛋糕最是应景佳选。在带有黑糖的浓郁口感的海绵蛋糕上，涂抹添加了朗姆酒与黑糖做成的奶油，上面更是满满堆砌了很多秋天的水果。华而不奢的外观烘托出一派秋日情怀。

秋色蛋糕

Recipe → *P90*

Tart

将自己最爱的里考挞芝士与蜂蜜组合在一起，制作了这款甜挞。颜色各异的葡萄，爽口滋润，与本身没有强烈味道的里考挞芝士可谓相得益彰。可以用饼干蘸奶油来品尝，也可以根据个人喜好淋上蜂蜜。

葡萄里考挞芝士甜挞

Recipe → *P92*

Cake

这款蛋糕的底部和第二层为海绵蛋糕，最终以雷亚芝士成型。清爽可口又香浓滑腻，可谓入口即化。这次装点的是黑葡萄，巨峰葡萄或麝香葡萄也可以。基础部分的蛋糕做法简单，所以和其他的水果也能搭配得很好。

黑葡萄雷亚芝士蛋糕

Recipe → *P91*

Tart

泛着浓厚朗姆酒香的栗子泥奶油，加上蓬松细腻的打发鲜奶油。

秋栗涩皮煮，松脆的派皮饼，还有焦糖掺拌的坚果。

各种各样秋的味觉感受，都镶嵌在这款甜挞上，奢侈得无与伦比。

在这个所谓食欲之秋，对如你一般有心尝遍各种美味的人来说，这款甜挞实在是不二之选啊！

栗子坚果焦糖甜挞

Recipe → *P94*

Cake

添加了咖啡烘焙成的微带苦味的海绵蛋糕，搭配蛋黄酱＋栗子泥奶油这款奢侈无比的"奶油经典组合"，最适合在稍感寒凉的秋天里享用，带给你甜美浓郁的味觉享受。

这是一款可以尽情品尝各种秋栗的王者级别的秋季蛋糕，也是引人注目的人气甜品。

栗子蛋糕

Recipe → *P93*

Tart

这款甜挞的创意来自意大利的甜点"萨巴雍酱"，为了配合用白葡萄酒调味的蛋黄酱，用大量的秋梨一起组合成型。制作中最重要的是，梨要切成特别薄的薄片。
秋梨那咬在嘴里爽脆的口感和富含充沛水分的果汁，与白葡萄酒风味的奶油相得益彰。

秋梨萨巴雍酱甜挞

Recipe → *P93*

Cake

巧克力与洋梨很有缘分。

海绵蛋糕里有可可粉，奶油里有巧克力，和果汁丰盈的洋梨正好做搭档。

比起熟透的洋梨，留有爽脆口感的才正好。

香醇的巧克力奶油，有了洋梨的配合，演绎出飒爽的风情。

洋梨双层巧克力蛋糕

Recipe → *P92*

Tart

将柿子制成蜜饯，再和朗姆酒、肉桂的芳香混合在一起。

加热后变得稍微柔软的柿子，甜味更显浓厚。

将做蜜饯时顺便做成的浆汁与鲜奶油搅拌到一起，成品略有苦味。

外观也好、味道也好，可以说是经典之作。

秋柿朗姆酒肉桂蜜饯甜挞

Recipe → *P95*

Cake

添加了肉桂粉、豆蔻粉的海绵蛋糕，烘焙后自带一抹浓香辛辣的口感，在上面充分涂抹足量的南瓜泥奶油。这款快乐的黄色蛋糕，配合万圣节是再合适不过了。请将微带巧克力苦味的奥利奥饼干点缀其中，作为亮点。

海绵蛋糕的香辛料用量很少，所以即便是小朋友也一样可以开心地享用。

南瓜奥利奥饼干蛋糕

Recipe → *P95*

无花果挂糖甜挞 *(P80)*

材料

【甜挞】

烘焙好的杏仁甜挞台（P50-53）	1个

【蛋黄酱】

蛋黄	2个
砂糖	40g
低筋面粉	20g
香草豆	1/3 根
牛奶	150mL
黄油	20g
朗姆酒	1 大匙

【挂糖无花果】

无花果	4 ~ 5 个
水	1 大匙
砂糖	100g
益寿糖	4 ~ 5 大匙
开心果	适量

益寿糖是一种经过特殊加工的、不会烤焦烧煳的白色粉末状砂糖。在烘焙糕点材料店可以买到。

制作方法

1　做蛋黄酱

参照 P63 蛋黄酱的做法，按照左侧材料和分量制作（朗姆酒要在黄油之后加入并搅拌），放凉冷藏待用。

2　做挂糖无花果

① 将无花果连蒂部一起纵向切半，放到冰箱里冷藏待用。在碟子或垫子上铺好烘焙用纸。

② 在小锅内加入水和砂糖后起中火加热，一边摇晃小锅一边使砂糖溶化，砂糖溶化且开始泛黄后即熄火。

③ 手握无花果蒂部在②中蘸过挂上糖浆（a），在烘焙纸上间隔着摆开。去余热之后放入冰箱冷藏待用。

3　做糖稀装饰

① 在铺好烘焙用纸的烤盘上将益寿糖呈圆饼状薄薄地摊开（见左下图片），在预热至 200℃的烤箱里烘烤 10min 左右，使糖溶化。

② 从烤箱中取出，用汤匙将溶化的益寿糖进一步摊开。

＊如果摊得过薄的话就无法平板成型，要注意。

③ 凝固后用合适的工具从上方轻轻敲打开糖稀平板（用手掰的话很难掰开）。

4　组合成型（b→d）

将搅拌得均匀滑顺的蛋黄酱涂抹到甜挞台上，摆上做好的挂糖无花果。将益寿糖适当插入蛋黄酱中，最后撒上切碎的开心果即可。

＊无花果容易渗出水分，所以做好后请尽早食用。

秋色蛋糕 *(P81)*

材料

【海绵蛋糕】

黑糖口味的海绵蛋糕	1个
	（3 等分横切）

＊参照 P58-60 海绵蛋糕的制作方法，将砂糖 70g 改为砂糖 25g + 黑糖（粉末）50g，其他材料不变，按同样的步骤烘焙。

【奶油】

鲜奶油	300mL
黑糖（粉末）	2 大匙
朗姆酒	1 大匙
洋梨	1/2 ~ 1 个

＊法兰西梨等，选择个人喜爱的品种即可。

无花果	4 ~ 5 个
洋李子	3 ~ 6 个
薄荷	适量

制作方法

1　准备水果

洋梨切成 1 ~ 1.5cm 见方的小块，无花果剥皮后一半切成 1cm 厚的薄片，另一半切成 1 ~ 1.5cm 见方的小块。切好的水果摆放在厨房纸巾上，吸去水分待用。

2　做奶油

在盆里加入鲜奶油、黑糖、朗姆酒，将盆置于冰水上，用手持搅拌器搅拌至八成打发。

3　组合成型（a→d）

① 在第 1 层海绵蛋糕上全部薄薄地涂抹奶油，撒上洋梨和无花果小块，然后再薄薄地涂抹奶油。将第 2 层海绵蛋糕重叠其上同样搭配装饰，再将第 3 层海绵蛋糕重叠其上。

② 在蛋糕上面涂抹奶油，将 1cm 厚的无花果片摆开。无花果之间再摆上洋梨、洋李子，最后装点上薄荷即可。

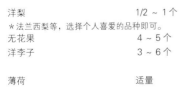

黑葡萄雷亚芝士蛋糕 *(P83)*

材料

【海绵蛋糕】

海绵蛋糕（P58-60）	1 个
	（3 等分横切）

＊将海绵蛋糕横切为 3 层，只使用其中 2 层。

【雷亚芝士蛋糕】

奶油芝士	200g
粉末明胶	8g
水	3 大匙
砂糖	100g
原味酸奶	200mL
柠檬汁	1 大匙
鲜奶油	200mL
黑葡萄	1 串
镜面淋酱	适量

制作方法

预先准备

将奶油芝士放置到室温待用。

将粉末明胶用水泡发待用。

1 准备海绵蛋糕和黑葡萄

① 在直径 18cm 的可脱底的圆形模具里铺上第 1 层海绵蛋糕。另一层蛋糕切成小一圈的（直径 16cm 左右）待用（a）。

② 将黑葡萄剥皮后摆在厨房纸巾上，放置 1h 左右充分控水。

2 做雷亚芝士蛋糕

① 在盆中加入奶油芝士并用打蛋器搅拌到柔软顺滑为止。按照砂糖、原味酸奶、柠檬汁的顺序逐次加入，每次都要充分混合搅拌。

② 盆中加入 3 大汤匙水后加热，将粉末明胶放在热水盆中使之溶化（或用微波炉加热 30s 左右使之溶化）。

③ 将①用汤匙舀出 1～2 勺加入②中，充分搅拌之后，再将②加入①中，继续充分搅拌（见左下图）。

④ 在别的盆内加入鲜奶油，将盆置于冰水上，用手持搅拌器搅拌至六成打发。

⑤ 往③的盆中加入④充分混合搅拌。

3 组合成型（b→e）

① 在铺好海绵蛋糕的可脱底的圆形模具里浇入雷亚芝士蛋糕面浆一半的量，然后将小一圈的海绵蛋糕重叠其上。将剩下的雷亚芝士蛋糕面浆浇上去，放到冰箱里半天左右冷却凝固。

② ①的模具侧面用蘸过热水又拧干的热毛巾裹住，让蛋糕脱型。在上面装点上黑葡萄，在黑葡萄上涂抹镜面淋酱。

无花果挂糖甜挞

黑葡萄雷亚芝士蛋糕

葡萄里考挞芝士甜挞 (*P82*)

材料

【甜挞】

烘焙好的杏仁甜挞台（P50-53）　　1个

【奶油】

酸奶　　　　　　　　　　　　　400g
里考挞芝士　　　　　　　　　　200g
蜂蜜　　　　　　　　　　　　　2大匙

特拉华葡萄　　　　　　　　　　1/4串
麝香葡萄　　　　　　　　　　　1串
＊这里使用的是可以带皮食用的亚历山大麝香葡萄。当然根据个人喜好也可以剥皮再用。
饼干（直径4cm）　　　　　　　13片

香芹　　　　　　　　　　　　　适量

制作方法

预先准备

　　将酸奶放到铺有厚厚厨房纸巾的笊篱上搁置一夜，控水至酸奶剩200g为止。

1　准备水果
　　将一半特拉华葡萄剥皮待用。将剥皮后的特拉华葡萄摆放在厨房纸巾上，吸去水分。

2　做奶油
　　盆内放入里考挞芝士、控水后的酸奶、蜂蜜，用打蛋器搅拌到整体柔软顺滑为止。

3　组合成型（a→d）
① 在甜挞边缘的杏仁奶油中插一圈饼干，甜挞中间装入一半量的奶油。
② 将一半量的葡萄摆放其上，然后再将剩余的奶油像小山一样堆起来。
③ 将剩余的葡萄装饰在上面，撒上香芹。根据个人喜好也可以将3大匙蜂蜜（分量外。即使量大也很好吃）浇在上面一起食用。

洋梨双层巧克力蛋糕 (*P87*)

材料

【海绵蛋糕】

可可风味海绵蛋糕　　　　　　　1个
　　　　　　　　　　　（2等分横切）
＊参照 P58-60 海绵蛋糕的制作方法，将低筋面粉85g改为低筋面粉70g＋可可粉10g，其他材料不变，按同样的步骤烘焙。

【奶油】

鲜奶油　　　　　　　　　　　　300mL
纯可可脂味苦巧克力（切碎）
　　　　　　　　　　　　　　　80g

洋梨　　　　　　　　　　　　　1～2个
＊选择法兰西梨、李克特梨等喜爱的品种即可。

巧克力卷条、可可粉、开心果　　各适量

制作方法

1　准备洋梨
　　将洋梨剥皮，切成5mm厚的梳形块，摆放在厨房纸巾上，吸去水分。

2　做奶油
① 在锅内加入鲜奶油后起火加热，开锅后加入巧克力转小火。用橡胶刮刀一边充分搅拌，一边继续小火加热，待巧克力完全溶化后熄火。之后移到别的盆里，去余热后放入冰箱冷却待用。
② 将①的盆置于冰水上，用手持搅拌器搅拌至八成打发。

3　组合成型（a→c）
① 在第1层海绵蛋糕上整体涂抹奶油，摆放上洋梨后，再涂抹一层奶油，将第2层海绵蛋糕重叠其上。
② 在蛋糕上面涂抹奶油，将洋梨呈放射状摆排。将剩余的奶油装入装有双排裱花嘴的裱花袋里后在边缘裱花，装饰上巧克力卷条，将可可粉用滤茶网过筛后撒在上面。最后点缀上切碎的开心果即可。

栗子蛋糕 *(P85)*

材料

【海绵蛋糕】

咖啡口味的海绵蛋糕　　　1 个

（3 等分横切）

＊参照 P58-60 海绵蛋糕的制作方法，在牛奶里加入 2 大匙即溶咖啡后使用。其他材料不变，按同样的步骤烘焙。

【奶油】

蛋黄酱

蛋黄	1 个
砂糖	20g
低筋面粉	15g
香草豆	1/3 根
牛奶	120mL

鲜奶油　　　　　　　　　170mL + 2 大匙
栗子泥　　　　　　　　　180g
朗姆酒　　　　　　　　　1 大匙
牛奶　　　　　　　　　　1 大匙

栗子涩皮煮　　　　　　　7 颗

巧克力卷条、糖粉、薄荷　各适量

制作方法

1　做两种奶油

【蛋黄酱 + 鲜奶油】

① 参考 P63 蛋黄酱的制作方法，按照左侧材料和分量制作（不加黄油）后，冷藏待用。

② 将鲜奶油（170mL）放入盆内，将盆置于冰水上，用手持搅拌器搅拌至八成打发。

③ 将①搅拌得柔软顺滑之后再加到②里，充分搅拌。

【栗子奶油】

① 在栗子泥里少量多次地加入朗姆酒、鲜奶油（2 大匙）、牛奶，充分搅拌拉抻。

② 装入镶有裱花嘴的裱花袋里。

2　准备栗子

取栗子 4 颗细细切碎，剩下的 3 颗纵向切半待用。

3　组合成型（a→d）

① 在第 1 层海绵蛋糕上整体涂抹蛋黄酱 + 鲜奶油，撒上切碎的栗子涩皮煮，再涂抹同样的奶油。将第 2 层海绵蛋糕重叠其上，并同样进行装饰后，再将第 3 层海绵蛋糕重叠其上。

② 在海绵蛋糕最上面涂抹蛋黄酱 + 鲜奶油后，再将栗子奶油挤成斜条状装饰。

③ 在奶油上覆盖巧克力卷条，边缘部分将糖粉用滤茶网过筛后撒在上面。将切成纵向的栗子涩皮煮摆放其上，最后装点上薄荷即可。

秋梨萨巴雍酱甜挞 *(P86)*

材料

【甜挞】

烘焙好的杏仁甜挞台（P50-53）　　1 个

【奶油】

蛋黄	2 个
砂糖	50g
低筋面粉	30g
香草豆	1/2 根
牛奶	120mL
白葡萄酒	80mL
黄油	20g

梨　　　　　　　　　　　1 个

＊幸水梨、丰水梨或者二十世纪梨等品种都可以，按个人喜好选择。

镜面淋酱、香芹　　　　　各适量

制作方法

1　准备梨

将梨削皮后切成 4 等份再切成梳形块，再纵切成 1mm 厚的薄片。摆放到厨房纸巾上，轻轻拭去水分。

2　做奶油

参考 P63 蛋黄酱的做法，按照左侧材料和分量制作（白葡萄酒在第 2 次加热步骤中整体开始变得黏稠了之后少量多次加入，充分搅拌并继续加热），做好冷藏待用。

3　组合成型（a→c）

在甜挞台上涂抹搅拌得柔软顺滑的奶油，从外侧开始将梨片呈花瓣状摆放。在梨片上涂抹镜面淋酱，最后装点上香芹即可。

栗子坚果焦糖甜挞

秋柿朗姆酒肉桂蜜饯甜挞

南瓜奥利奥饼干蛋糕

栗子坚果焦糖甜挞 *(P84)*

材料

【甜挞】

烘焙好的杏仁甜挞台〔P50-53〕	1个

【焦糖坚果】＊会有剩余。

水	1 大匙
砂糖	100g
坚果（烤过）	100g

＊核桃仁、杏仁、榛子等。

【奶油】

栗子泥	180g
朗姆酒	1 大匙
鲜奶油	150mL + 3 ~ 4 大匙
冷冻派皮（20cm×20cm）	1/2 张
栗子涩皮煮	6 颗
杏仁百奇饼干棒	3 ~ 4 根
开心果	适量

栗子泥是将栗子蒸熟后碾成泥状，加入砂糖、香草等调味后的栗子加工品。与栗子奶油不一样，这一点要注意。在烘焙糕点材料店可以买到。

制作方法

1 做焦糖坚果，烤派

① 在小锅内加入砂糖和水起中火加热，一边摇晃一边使砂糖溶化。

② 变成焦黄色后加入坚果并熄火，将坚果与焦糖液充分搅拌。在烘焙纸上摆开晾凉，到可以用手触摸的温度后将大块的切成适当大小。

③ 将冷冻派皮用擀面杖擀成稍大一圈，用叉子在上面全部扎上小孔。

④ 移放到铺好烘焙纸的烤盘上，为了不使派皮过于膨胀，在上面压上金属网后放入200℃的烤箱里烘烤 20min 左右。取下金属网后继续烘烤 20min 左右，取出放到散热架上晾凉。

2 做两种奶油

【栗子奶油】

在栗子泥里少量多次地加入朗姆酒、3 ~ 4 大匙的鲜奶油，一边加入一边搅拌拉抻。

【鲜奶油】

在盆内加入鲜奶油（150mL），将盆置于冰水上，用手持搅拌器搅拌至八成打发。

3 组合成型（a→d）

在甜挞台上涂抹栗子奶油，再在上面涂抹鲜奶油。将烤好的派皮 6 等分后呈放射状插入奶油中，其间摆上焦糖坚果。摆排好栗子涩皮煮，插上杏仁百奇饼干棒，最后撒上切碎的开心果即可。

秋柿朗姆酒肉桂蜜饯甜挞 *(P88)*

材料

【甜挞】

烘焙好的杏仁甜挞台（P50-53）	1 个

【秋柿朗姆酒肉桂蜜饯】

秋柿	4 ~ 5 个
＊不要熟得太透。	
砂糖	4 大匙
黄油	20g
朗姆酒	1 大匙
肉桂粉	1/2 小匙

【奶油】

鲜奶油	100mL
秋柿朗姆酒肉桂蜜饯浆汁	2 ~ 3 大匙
杏仁薄片（烘烤过的）、开心果	各适量

制作方法

1 做秋柿朗姆酒肉桂蜜饯

① 剥去柿子皮，切成 4 ~ 6 等份的梳形块。

② 在不粘锅里放入砂糖，起中火一边摇晃一边加热使之溶化。飘出香味并变成焦黄色后熄火，再加入黄油、朗姆酒并用橡胶刮刀进行搅拌。

＊加热一直到快要冒烟有点焦的程度，稍有苦味才会有深厚浓郁的口味。

③ 搅拌混合之后再次起火加热，咕嘟咕嘟沸腾了就将柿子加进去，用橡胶刮刀搅拌继续加热 30s 左右。将肉桂粉撒进去后熄火（a），去余热之后放到冰箱冷藏待用。

＊此步骤中的浆汁稍后会用在奶油里。

2 做奶油

在盆内加入鲜奶油和秋柿朗姆酒肉桂蜜饯浆汁（放凉后），将盆置于冰水上，用手持搅拌器搅拌至八成打发。

3 组合成型（b→d）

在甜挞台上涂抹奶油，将控干浆汁的秋柿重叠摆放其上，撒上杏仁薄片、切成碎末的开心果即可。

＊如果秋柿朗姆酒肉桂蜜饯浆汁仍有剩余的话，建议淋到切分好的甜挞上一起食用。

南瓜奥利奥饼干蛋糕 *(P89)*

材料

【海绵蛋糕】

香辛料口味的海绵蛋糕	1 个
	（3 等分横切）

＊参照 P58-60 海绵蛋糕的制作方法，在低筋面粉里加入肉桂粉 1/4 小匙和白豆蔻粉 1/4 小匙（一起过筛加入），然后按照同样的步骤烘焙。

【烤南瓜】

南瓜	120g
黄油	10g
砂糖	1 大匙
肉桂粉	少量

【奶油】

南瓜	200g（净重）
砂糖	50g
鲜奶油	200mL
奥利奥饼干	8 ~ 10 片
＊去掉夹心奶油后使用。	
南瓜子	适量

制作方法

1 做烤南瓜

南瓜去除种子，带皮切成 5mm 厚的薄片。在烤盘里铺上烘焙用纸后将南瓜片摆放其上，将切成小碎块的黄油撒满烤盘，再撒上过筛后的砂糖、肉桂粉，在预热至 180℃的烤箱里烘烤 20 ~ 25min，放凉待用。

2 做奶油

① 去除南瓜皮和南瓜子，切成适当大小。从凉水开始煮起，待南瓜变软，用竹签可以轻松穿透后控水，用筛网碾碎过滤。

② 将①和砂糖放入小锅内，一边用中火加热一边不断搅拌，直到表面变得有光泽感后熄火。去余热后放入冰箱冷藏待用。

③ 在盆里加入鲜奶油，将盆置于冰水上，用手持搅拌器搅拌至七成打发。

④ 在③里加入充分冷藏后的②，用橡胶刮刀充分搅拌后，拿另外一个盆取出其中 1/3 的量，剩余的奶油继续搅拌至八成打发。

3 组合成型（a→d）

① 在第 1 层海绵蛋糕上全部涂抹八成打发的奶油，再将第 2 层海绵蛋糕重叠其上，同样涂抹之后，将第 3 层海绵蛋糕重叠其上。

② 在蛋糕上面和侧面首先用八成打发的奶油均匀涂抹之后，再用七成打发的奶油最后涂抹成型。剩余的奶油（七成、八成一起，如果奶油过稀就混在一起再度打发）装入镶有星形裱花嘴的裱花袋里，然后沿边缘裱花一圈，最后将烤南瓜、奥利奥饼干（也可根据个人喜好掰开使用）、南瓜子装饰完成。

水果手贴

秋天的水果

秋梨淡淡的米色，秋柿稍深的橙色，无花果安静不躁的粉色，还有葡萄或绿或紫或酒红的颜色……染上了深沉色调的秋天的水果，令人感到一种难以名状的雅致。味道也是一样，或是有一点点涩，或是甜得更深沉圆融，或是浓郁中更多一抹清透，总之就是有那么一种成熟的味道。不仅如此，秋天的水果更能使人感受到来自东方国度的气息。深深感慨一句"真是好吃啊"，然后心中泛起一抹乡愁般的怀旧波澜，会这样情不自禁的难道只有我一个人不成？

曾经，秋天的水果无论是外观还是口感，都不能轻易打动我，但是现在，我觉得自己正一点一点被它们吸引，也开始懂得它们的各种好。

我想，这也许就是不再年轻了的证据吧？

梨

同样都是梨，不同的种类却有着各自不同的味道。
日本梨的特征是水分充沛、酥脆爽口的口感。而洋梨的魅力则在于其柔软的果肉和浓郁甘甜的味道。不逢其时的梨不追熟就不会甜，所以要辨清最好吃的时期有一定难度。

梨（幸水）

【果期】7～8月
【特征/味道】果肉柔软，果汁充沛，甘甜口感也毫不含糊。
【挑选方法】＊适合所有的梨。
要选择着色均一有弹性和光泽感的，要有沉甸甸的重量感。
【保存方法】＊适合所有的梨。
装入保鲜袋中放到冰箱里保存。可存放一星期左右。
【小贴士】梨的代表品种是"幸水梨"和"丰水梨"，这两个品种约占所有上市秋梨的50%。本书中的秋梨甜挞使用的是正好是果期的幸水梨，用丰水梨（果期8～9月）的话也会一样好吃。此外，使用青梨代表品种的"二十世纪梨"（果期8～10月）也不错哦。

洋梨（李克特梨）

【果期】11～12月　果期很短
【特征/味道】果皮呈美丽的黄色，芳香宜人。非常甘甜且浆汁丰沛，吃起来口感顺滑。
【挑选方法】＊适合所有洋梨。
要选择表皮无伤且有弹性和光泽的。外形凸凹坚硬并不影响味道。
【保存方法】＊适合所有洋梨。
如需追熟就室温保存。放到柔软可食时，在食用前2～3h放入冰箱冷藏。
【小贴士】果期短暂，所以如果买得到就请亲尝。追熟变成黄色时就是最好吃的时候了。

洋梨（法兰西梨）

【果期】11月至次年1月
【特征/味道】甘甜口感中保有少许的酸味，浆汁丰沛入口即化。
【小贴士】不仅是法兰西梨，所有洋梨共通的特点就是，拥有与和梨不同的柔软顺滑的口感，制作成糖浆水果或果酱也非常好吃。浓郁甘甜，掺在蛋糕或甜挞里一起烘焙也非常适合。

葡萄

带有涩味和深沉甘甜口感的黑葡萄、巨峰葡萄，清雅爽口甘美的麝香葡萄，颗粒小但非常甘甜而多汁的特拉华葡萄。

这些果皮颜色不同，味道也完全不同的葡萄，也是秋季代表水果之一。

黑葡萄

【果期】7～10月

【特征/味道】可以连皮一起食用的黑葡萄。可以稍微有点涩味、清雅甘美且果汁丰沛。香味也很正。

【挑选方法】＊适合所有葡萄。要选择有弹力和光泽的、枝茎不是干燥的，表面有一层白霜（果皮上的白粉状东西）就是新鲜的证据。

【保存方法】＊适合所有葡萄。用报纸包好或装入保鲜袋后放到冰箱里。不耐久存放。表皮白霜部分在食用时洗净即可。

【小贴士】果皮有很好的香味，连同果皮一起制作糖浆水果或果酱也很好。色泽好也是其魅力所在。

亚历山大麝香葡萄

【果期】8～10月

【特征/味道】颗粒硕大，果皮的绿色也赏心悦目。果皮很薄所以可以连皮食用。甘甜多汁，清雅芳香的味道是其主要特征。

特拉华葡萄

【果期】7～8月

【特征/味道】颗粒小，没多少香味，但是甜度高，果汁丰沛。没有籽，便于食用。

无花果

【果期】7～10月

【特征/味道】有黏稠感的果肉，果实中间种子的口感也很有趣。温和圆融的甘甜以及独特的香气感觉是其主要特征。

【挑选方法】要选择有弹力和光泽的、枝茎的切口不是干燥的。

【保存方法】装入保鲜袋后放到冰箱里。柔软易伤，所以应该尽早处置。

【小贴士】无花果的果肉与豆馅等的和风素材非常容易搭配。本身没有耐久保存性，所以推荐制作成糖浆水果或果酱，享受果期美味。

秋柿（富有柿）

【果期】10～12月

【特征/味道】果肉柔软，甜度也高，在柿子中属于水分偏多的品种。

【挑选方法】要选择果皮有光泽和弹力的，外形浑圆饱满的。

【保存方法】装入保鲜袋后放到冰箱里，大约保存一星期左右。

【小贴士】将熟透的秋柿直接冷冻，就是非常美味的水果冰沙。

洋李子

【果期】7～9月

【特征/味道】作为李子的一种，其特征是果实多肉很有嚼头。甜度偏高，酸味适度，酸甜口感配合均衡。

【挑选方法】要选择果皮有光泽和弹力的，与葡萄一样，果皮表面有白霜就是新鲜的证据。

【保存方法】装入保鲜袋后放到冰箱里，可保存一星期左右。

冬天的甜挞与蛋糕

❄

　　鲜红光艳的苹果、酸甜多汁的蜜橘，冬天绝不是水果种类丰盛的季节，但是种类虽少却分支众多。在冬天水果店的货架上，红玉或富士等各种各样的苹果、蜜橘、伊予相或八朔等多种多样的柑橘类，可谓琳琅满目。使用这些多汁水果与甘甜奶油相配合制成的甜挞和蛋糕，一定会让寒凉冷冬季里那稍显失落的心情，多一份柔和与温暖！

Tart

将烤好的苹果大量堆叠起来，上面装点上酥脆派皮。大块的苹果吃起来口感绝佳，更有余香绕舌浆汁丰沛的朵颐之愉。品尝过程中有松脆的派皮入口，更会给口感的强弱变化增加亮点。

这是一款仿佛有苹果派覆盖其上的奢侈甜挞。

苹果派奶油甜挞

Recipe → *P106*

Cake

将渲染成淡淡粉色的可爱的"苹果花瓣"整齐摆放排列起来，就像一大朵美丽的花儿盛开在蛋糕表面。苹果不要煮过头，特意做成留有爽口清脆口感的糖浆水果。再装点上使用大量的酸奶制成的奶油，整体成型，清爽怡人。

花瓣苹果蛋糕

Recipe → *P106*

Tart

这是一款使用了大量应季柑橘的深受所有人喜爱的果汁浓郁的甜挞。金橘制成了糖渍金橘，其他的柑橘则直接使用新鲜的，切成稍大块堆叠而成。虽然同属柑橘类，但无论是酸味、甜度，还是芳香度、水分含量都不尽相同。

不必过于拘泥于这里记述的品种，请尽情尝试各种各样的柑橘并享受制作的乐趣。

柑橘甜挞

Recipe → *P107*

Cake

这一款弥漫着浓郁的柚子香气、比较罕见的和风蛋糕，正因为是自家手作，所以才得以亲尝当季美味。与相得益彰的奶油芝士搭配起来，柚子的酸爽与独特的微苦味儿，都可以轻松享用。

非此季而不得尝其味的柚子，请尽情享用吧！

柚子奶油芝士蛋糕

Recipe → *P108*

应季特别制作

各种集会活动集中且多的冬天，让我们把情趣稍微调整一下——.
在这里介绍一下对年末集会活动最适宜的应季特别蛋糕。

Cake

即便是最固定组合的草莓蛋糕，只要改变一下成型方法，就会摇身变成非圣诞季莫属的
特别有感觉的一款蛋糕。
因为是在涂抹完奶油后装饰莓果，所以奶油涂抹效果不必太在意。撒上银珠糖或糖粉，
就成了最适合圣诞夜的闪闪亮亮的一款蛋糕啦！

迎圣诞草莓半球蛋糕

Recipe → *P109*

Cake

这是一款最适合在正月的喜庆集会时烘焙制作的祝福新年的蛋糕。
虽然时节是和夏天相比水果很少的冬天，但是做年节料理时的板栗团子纯正浓郁的甜度，
用来做蛋糕也非常合适，与带有微苦口感的抹茶海绵蛋糕也非常搭配。最后成型时撒上
朱红色的石榴粒，既平添了爽口酸味，又点缀了整体色彩。

迎新蛋糕

Recipe → *P109*

苹果派奶油甜挞 *(P100)*

材料

【甜挞】

烘焙好的杏仁甜挞台（P50~53）	1个

【烤苹果】

苹果（红玉）	3个
赤砂糖	2~3大匙
黄油	10g
肉桂粉	少量

【奶油】

鲜奶油	120mL
棕色砂糖	1大匙

冷冻派皮（20cm×20cm）	1/2张
糖粉、薄荷	各适量

制作方法

1 做烤苹果，烘焙派皮

① 苹果带皮纵切4等份，去核。

② 将苹果摆放在铺有烘焙纸的烤盘上，撒上赤砂糖、切成小块的黄油、肉桂粉（a），在预热至170℃的烤箱里烤20min左右后，放凉待用。

③ 用擀面杖将派皮擀成稍大一圈的面饼。用叉子在上面全部扎上小孔，然后按照使用起来比较方便的大小切分（本书中为10cm×2cm左右）。

④ 将切分好的派皮摆在铺有烘焙纸的烤盘上，为避免派皮过分膨胀上面盖上金属网，然后在预热至200℃的烤箱里烤15~20min（见左下图）。烤好后撒上糖粉，再在预热至220℃的烤箱里烤2~3min使砂糖溶化（因为容易焦煳，所以烘焙时要注意火候）。

2 做奶油

① 在盆内加入鲜奶油和棕色砂糖，将盆置于冰水上，用手持搅拌器搅拌至八成打发。

② 将全部奶油装入镶有圆形裱花嘴的裱花袋里待用。

3 组合成型（b→d）

在甜挞上挤上奶油，再在上面将控水后的烤苹果摆放好。在苹果上挤上奶油，将苹果堆叠起来。苹果上面再挤上奶油，然后把烤好的派皮直插入奶油里做装饰，将糖粉用滤茶网过筛后撒在上面，最后点缀上薄荷即可。

花瓣苹果蛋糕 *(P101)*

材料

【海绵蛋糕】

海绵蛋糕（P58~60）	1个 （2等分横切）

【糖浆苹果】

苹果（红玉）	4个
水	800mL
砂糖	200g
卡尔瓦多斯酒	1大匙
＊苹果白兰地。	

【奶油】

酸奶	300g
鲜奶油	150mL
砂糖	2大匙

镜面淋酱、香芹	各适量

制作方法

预先准备

将酸奶放到铺有厚厚厨房纸巾的笊篱上搁置一夜，控水至酸奶剩150g为止。

1 做糖浆苹果

① 苹果去皮后纵切为4等份，去核待用。

② 锅里加水、砂糖、苹果皮后起火加热，开锅后加入苹果并放在果皮上面（a）。盖上一层厨房纸巾作为小锅盖，小火煮炖20~30min。熄火后加入卡尔瓦多斯酒，去余热后放到冰箱里冷藏待用。

③ 切片，然后摆在厨房纸巾上放置1h以上，控干多余水分。

2 做奶油

① 在盆里加入鲜奶油和砂糖，将盆置于冰水上，用手持搅拌器搅拌至九成打发。

② 将控水后的酸奶加入其中充分搅拌。

③ 将奶油3/4的量装入镶有星形裱花嘴的裱花袋里待用。

3 组合成型（b→d）

在第1层海绵蛋糕上全部涂抹奶油，摆放苹果后挤上奶油。将第2层海绵蛋糕重叠其上，上面涂抹奶油。将苹果从中心开始呈花瓣状向外围摆开，在苹果上面涂抹镜面淋酱。周边再挤上奶油，最后点缀上香芹即可。

柑橘甜挞 (P102)

材料

【甜挞】

烘焙好的芝士甜挞台（P50-53） 1个

【糖渍金橘】 ＊会有剩余。

金橘	200g
砂糖	100g

柑橘　　　　　　　　　合计 300~400g

＊蜜橘、伊予柑、日向夏等均可。

镜面淋酱、薄荷　　　　各适量

制作方法

1 做糖渍金橘

① 去掉金橘蒂部，用竹签在金橘上扎 2 ~ 3 处小孔。

② 在锅里装满水（分量外），将①加入后起火加热，开锅后煮 2 ~ 3min 倒掉热水。

③ 在另一个锅内加入②和砂糖，加水（分量外）稍微漫过金橘后起火加热，开锅后盖上一层厨房纸巾作小锅盖，小火炖煮 20 ~ 30min。去余热后放到冰箱里冷藏待用。

④ 将其中几个金橘切半待用（其余的直接使用）。

2 柑橘去皮，如下切块

蜜橘→横向切半。

伊予柑→一瓣一瓣分开，每瓣的内皮薄膜也仔细剥掉。

日向夏→ 2 ~ 3 瓣为一组分开，再横向切半（内皮尽量剥得薄一些）。

3 组合成型（a→c）

在甜挞上摆放柑橘，涂抹镜面淋酱（这里是将镜面淋酱作为黏合剂使用，需要时滴淋使用）。此操作重复 3 次左右，将柑橘像小山一样堆叠起来（参见 P56）。最后在水果上涂抹大量的镜面淋酱，装饰薄荷完成。

苹果派奶油甜挞

花瓣苹果蛋糕

柑橘甜挞

柚子奶油芝士蛋糕 *(P103)*

材料

【海绵蛋糕】

柚子口味的海绵蛋糕	1 个
	（3 等分横切）

＊参照 P58-60 海绵蛋糕的做法，在加入低筋面粉后将磨成碎末的柚子皮 1/2 的量加入其中，按同样的步骤烘焙。

【柚子果酱】 ＊会有剩余。

柚子	500g
砂糖	250g

【奶油】

奶油芝士	120g
砂糖	1 大匙
鲜榨柚子汁	1~2 小匙
鲜奶油	120mL
柚子皮、开心果	各少量

制作方法

1 做柚子果酱

① 将柚子充分洗净，将柚子皮切成细丝（果皮内侧的白色部分过多的话味道会发苦）。果肉部分切半，榨出果汁，将籽用布包好或者装到茶叶包里。

② 将①的果皮放到水里漂洗，用热水焯 2 ~ 3 遍去掉苦味。

③ 在锅里加入①和②，加水（分量外）稍微漫过后起火加热，开锅后调小火继续煮炖并撇出浮沫，将砂糖分两次加入。一边从底部充分翻搅，一边煮到有黏稠感为止，最后将籽取出。

2 做奶油

① 将奶油芝士回温至室温，加入砂糖、柚子汁后一直搅拌到全体柔软顺滑。

② 在盆里加入鲜奶油，将盆置于冰水上，用手持搅拌器搅拌至八成打发。

③ 在②里加入①，充分搅拌后放凉待用。

3 组合成型（a→d）

① 在第 1 层海绵蛋糕上全部涂抹奶油，再在上面涂抹柚子果酱（3 ~ 4 大匙）。将第 2 层海绵蛋糕重叠其上同样涂抹之后，将第 3 层海绵蛋糕重叠其上。

② 同上涂抹奶油，再涂抹柚子果酱之后，将剩余的奶油装入镶有圆形裱花嘴的裱花袋里，然后沿边缘裱花两圈，最后将切成细丝的柚子皮和切成碎末的开心果装点上即可。

柚子奶油芝士蛋糕

迎圣诞草莓半球蛋糕

迎新蛋糕

迎圣诞草莓半球蛋糕 *(P104)*

材料

【海绵蛋糕】

海绵蛋糕（P58-60）	1 个
	（3 等分横切）

【奶油】

鲜奶油	300mL
砂糖	2 大匙

莓果	约 400g

＊草莓、蓝莓、覆盆子等均可。

银珠糖、糖粉	各适量

制作方法

1　准备莓果

　　将草莓参照其他莓果大小 3 等分或对半切分。其他莓果如果有大的也适当统一切小。

2　做奶油

① 在盆内加入鲜奶油和砂糖，将盆置于冰水上，用手持搅拌器搅拌至八成打发。

② 将奶油 2/3 的量取出放入另外的盆里，再加入莓果类 2/3 的量，混合搅拌。

3　组合成型（a→d）

① 在海绵蛋糕 1/3 高度处按照盆底大小（直径 18cm）横切成形，另一片 1/3 层上切成十字，均分成 4 等份。

② 在盆里铺上保鲜膜，铺上切成 4 等份的海绵蛋糕，将剩下的 1/3 层蛋糕按照适当大小切分后塞满缝隙处（多少留点缝隙也可。因为要从上面涂抹奶油，所以最终是看不到缝隙的）。

③ 将加有莓果的奶油一半的量填入，将剩余不规则切分的海绵蛋糕重叠其上。将剩下的加有莓果的奶油填入，最后将按照盆底大小切好的海绵蛋糕重叠其上，再轻轻按压。盖上保鲜膜后放到冰箱里醒 1h 以上。

④ 将盆翻扣到碟子上，将未加莓果的奶油涂抹到整个蛋糕上。再将莓果按大小种类均衡地镶嵌装饰到蛋糕表面，撒上银珠糖。最后将糖粉用滤茶网过筛后撒在上面即可。

迎新蛋糕 *(P105)*

材料

【海绵蛋糕】

抹茶海绵蛋糕	1 个
	（3 等分横切）

＊参考 P58-60 海绵蛋糕的制作方法，将低筋面粉 85g 换成低筋面粉 70g+ 抹茶 10g 后，按同样的步骤烘焙。

【奶油】

抹茶粉、砂糖	各10g
鲜奶油	300mL

板栗团子	200g
板栗甘露煮	130g

黑豆、石榴、抹茶	各适量

制作方法

1　做奶油

① 在盆内加入抹茶粉和砂糖后充分混合搅拌。

② 在盆内少量多次地加入鲜奶油并混合搅拌。将盆置于冰水上，用手持搅拌器搅拌至八成打发。

2　组合成型（a→d）

① 在第 1 层海绵蛋糕上涂抹板栗团子，随便撒上板栗甘露煮 8～10 颗（每颗都切成 1/4 大小）。涂抹奶油，将第 2 层海绵蛋糕重叠其上。第 2 层也同样进行涂抹后再将第 3 层海绵蛋糕重叠其上。

② 在蛋糕上面涂抹奶油，将剩余的奶油装入镶有圣奥诺雷花样裱花嘴的裱花袋里，做波纹状裱花。装点上板栗甘露煮、黑豆、石榴，将抹茶粉用滤茶网过筛后撒在上面即可。

水果手贴

冬天的水果

　　在我心里，冬天吃水果是一幕幸福的画面。寒冷的冬天，常吃的水果有妈妈评价"很有营养"因而从不下桌的红彤彤的苹果，和家人一起一边看着电视一边聊着可有可无话题时吃的蜜橘。每看到金橘，因为"御节料理"（日本人在一些节日特别是过年时所做的料理——编者注）里一定会有它的身影，所以就会想起正月的事情。与其他季节相比，冬天的水果虽然没有一样的奢华感，但是既不高价，常温下也可以长期保存，所以在所有人关于冬天的记忆里，一定有一个幸福画面的角落，会有冬天的水果自然地融会在其中。

　　苹果一年之中都买得到，但所谓"为糕点而存在"的红玉苹果，果期是在初冬。刚上市的新鲜红玉苹果中富含果胶，用在甜点中成型时光泽美艳。所以，烘烤美味的苹果派，是我冬天必做的"手工"。

　　当红玉苹果大量上市的时候，我就会感觉"冬天来了呢"。

苹果

秋冬时节，各种苹果纷纷上市，做点心要用的，是加热后也依然爽口甜酸味道不变的品种。在此推荐如下两个品种。

红玉苹果

【果期】10月至次年1月
从9月下旬开始，新季刚下来的红玉就上市了。过了这个时期之后的苹果，果胶含量会减少，味道也会大打折扣。

【特征/味道】酸甜均衡。果肉部分偏硬，即使加热也不会变形走样，所以做点心的时候这个品种最适合不过。个头稍小（200g左右）、果皮鲜红是其主要特征。果皮与果肉一起煮炖的话，会染上淡淡的粉色。果胶含量不同，表面的光泽感也会发生变化，所以要制作美味又美观的花瓣苹果蛋糕（P101）的话，请在年内动手做起来。

【挑选方法】＊适合所有苹果。
选择表皮有弹力有光泽的。

【保存方法】＊适合所有苹果。
要选择避开阳光直射或不直接被空调暖风吹到的凉爽的地方存放。如果室内温度变化过大，也可放到冰箱的蔬菜存放室内。和其他品种的苹果相比，会更容易走味，所以请尽早食用。

【小贴士】做糕点当然毋庸置疑，实际上红玉与猪肉也很搭配。

乔纳金苹果

【果期】10～12月
比红玉苹果稍晚一些上市。即便是市面上看不到红玉苹果的春夏季，也可以轻松买到。

【特征/味道】在适合制作糕点的品种里仅次于红玉苹果，但我个人倒觉得是最适合直接吃的苹果。又脆又爽的口感，和红玉比起来果肉部分稍软。相对个头比较大（300g左右）。

【小贴士】做成沙拉也很好吃的。

其他品种的苹果

　　此外还有富士、陆奥等品种的苹果。制作糕点的话，推荐使用红玉和乔纳金，但如果没有这两个品种的话，这里所列举的其他品种的苹果也可以使用。但代用品种往往酸味不够，请加入柠檬汁来弥补。另外，红玉以外的苹果果皮较薄，即使和果肉部分一起煮炖也不会有染上粉红色的效果。这时候只要加入红石榴糖浆等一起煮炖就可以了。

柑橘

柑橘类水果种类繁多，但其中大多数上市的时期集中在 1～3 月。不用说它们都有柑橘类共通的清爽气质，不过在甜味、酸味、含水量等方面却各有不同的特征。

蜜橘

【果期】12 月至次年 2 月

【特征/味道】高甜度稍带酸味，浆汁浓郁，味道非常具有亲和性。

【挑选方法】*适合所有柑橘。选择表皮有弹力有光泽，蒂部不干燥的蜜橘。

【保存方法】*适合所有柑橘。要选择避开阳光直射或不直接被空调暖风吹到的凉爽的地方存放。如果室内温度变化过大，也可放到冰箱的蔬菜存放室内。

凸顶橘

【果期】1～3 月

【特征/味道】顶部凸起为其显著特征。外表看上去短粗胖，其实甜度很高，可以连同内皮一起轻松食用也是其魅力所在。

伊予柑

【果期】1～3 月

【特征/味道】皮稍厚，但很容易剥皮，果肉多汁。甜酸均衡。

柚子

【果期】夏季有青柚，秋季以后上市的是黄柚

【特征/味道】果皮芳香清新，果汁酸味正好。

【小贴士】在日式料理中用于添加香味，在正月料理中用来做柚子盅，是常用食材之一。因柚子芳香浓郁，所以在糕点面胚里只要加入磨碎的柚子皮，就可以变身为柚子风味的糕点。

金橘

【果期】12 月至次年 2 月

【特征/味道】果实很小，每个重约 10g。属于柑橘类中很少见的可带皮一起食用的品种。有一定的酸味，带皮食用稍有苦味。

【小贴士】加工成蜂蜜金橘或做成糖渍蜜橘等也很好吃。

其他类柑橘

除此之外，还有很多不同种类的柑橘，每种都有每种的长处，不存在所谓非此不可的理由。请反复进行各种尝试，找到自己喜欢的品种。下述几种常用的柑橘特征也请参考。

◆芦柑 所含果汁比较少，沙脆的口感是其他柑橘所没有的。甜酸均衡，可以连同内皮食用。

◆日向夏 黄色果实，白色内皮，可以一起食用。爽口的酸味是其特征。

◆八朔 集甘甜、酸味、还有一点点苦味于一身。果实偏硬，外皮薄，很好剥。

◆清美甜橙 甘甜浓郁味道纯正。与西式甜点（奶油冻或奶油）等也很好搭配。

国产柠檬

柠檬多用于为糕点或料理增添风味。如果不在意产地的话，全年都买得到，但无蜡、无防腐剂、无农药的安全柠檬居多的国产品种，果期还是在冬天。

【果期】12 月至次年 2 月

【特征/味道】酸味更柔和，无蜡、无防腐剂的柠檬，可以安心地连皮一起使用。稍微加入一点果皮，就会带来很好的芳香。

【保存方法】放入冰箱保存（可以保存 1 个月左右）。一旦切开就要尽快食用。

【小贴士】因为芳香浓郁，所以将果汁用水冲配后饮用也很好喝。将带皮的柠檬切片使其漂浮在果汁表面也很好。

石榴

【果期】10 月至次年 1 月

【特征/味道】酸甜爽口，有独特的香味。石榴所富含的雌激素，在抗衰老、治疗妇科疾病方面也有一定的疗效。

【挑选方法】选择果皮未干，有弹性和光泽、没有龟裂现象的。

【保存方法】放入冰箱保存（可以保存 1 个月左右）。一旦切开就要尽快食用。

【小贴士】将果实用榨汁机榨成果汁也很好喝。

艺术创作与设计　高市美佳
摄影　砂原文
特别感谢　西泽淳子、藤田芽衣
材料提供　cuoca
创作协助　AWABEES

福田淳子 Junko Fukuda

西点研究师、食品搭配师。为咖啡店等做过菜单企划开发。以“一般家庭可以制作的美味糕点”为宗旨，设计出很多使用一般家庭可以购买的材料即可轻松烘焙的方法。最爱的季节和水果是春天和蜜桃。在本书各种糕点中最喜欢的两款是“白桃蛋黄酱蛋糕”和“葡萄柚姜味蛋糕”。

SHINBAN 12KAGETSUNO KISETSUNO KUDAMONOWO UNTOTANOSIMU
TART&CAKE by Junko Fukuda
Copyright Junko Fukuda, 2015
Copyright Mynavi Publishing Corporation,2015
All rights reserved.
Original Japanese edition published by Mynavi Publishing Corporation

Simplified Chinese translation copyright 2017 by Henan Science & Technology Press Co.,Ltd.
This Simplified Chinese edition published by arrangement with Mynavi Publishing Corporation, Tokyo, through HonnoKizuna, Inc., Tokyo, and Shinwon Agency Co. Beijing Representative Office, Beijing

非经书面同意，不得以任何形式任意重制、转载。
备案号：豫著许可备字 -2016-A-0035

图书在版编目（CIP）数据

可以尽享四季水果的甜挞与蛋糕：福田淳子健康配方 / (日) 福田淳子著；郑钧译.—郑州：河南科学技术出版社，2017.7

ISBN 978-7-5349-8780-9

Ⅰ.①可… Ⅱ.①福… ②郑… Ⅲ.①糕点—制作 Ⅳ.①TS213.23

中国版本图书馆CIP数据核字(2017)第133478号

出版发行：河南科学技术出版社
地址：郑州市经五路66号　　邮编：450002
电话：（0371）65737028　　65788613
网址：www.hnstp.cn
策划编辑：李　洁
责任编辑：杨　莉
责任校对：窦红英
封面设计：张　伟
责任印制：张艳芳
印　　刷：北京盛通印刷股份有限公司
经　　销：全国新华书店
幅面尺寸：190 mm × 260 mm　　印张：7　　字数：130千字
版　　次：2017年7月第1版　　2017年7月第1次印刷
定　　价：45.00元

如发现印、装质量问题，影响阅读，请与出版社联系并调换。